Michael Hilgers

Einsatzoptimierte Fahrzeuge, Aufbauten und Anhänger

Michael Hilgers
Weinstadt, Deutschland

Nutzfahrzeugtechnik lernen
ISBN 978-3-658-14644-3
DOI 10.1007/978-3-658-15496-7

Die Deutsche Nationalbibliothek verzeichnet diese Publikation in der Deutschen Nationalbibliografie; detaillierte bibliografische Daten sind im Internet über http://dnb.d-nb.de abrufbar.

Springer Vieweg
© Springer Fachmedien Wiesbaden 2016

Gedruckt auf säurefreiem und chlorfrei gebleichtem Papier.

Springer Vieweg ist Teil von Springer Nature
Die eingetragene Gesellschaft ist Springer Fachmedien Wiesbaden GmbH

Inhaltsverzeichnis

Vorwort

1

Für meine Kinder Paul, David und Julia,
die ebenso wie ich viel Freude an Lastwagen haben
und für meine Frau Simone Hilgers-Bach,
die viel Verständnis für uns hat.

Seit vielen Jahren arbeite ich in der Nutzfahrzeugbranche. Immer wieder höre ich sinngemäß: „Sie entwickeln Lastwagen? – Das ist ja ein Jungentraum!"

In der Tat, das ist es!

Aus dieser Begeisterung heraus, habe ich versucht, mir ein möglichst vollständiges Bild der Lkw-Technik zu machen. Dabei habe ich festgestellt, dass man Sachverhalte erst dann wirklich durchdrungen hat, wenn man sie schlüssig erklären kann. Oder um es griffig zu formulieren: „Um wirklich zu lernen, muss man lehren". Daher habe ich im Laufe der Zeit begonnen, möglichst viele technische Aspekte der Nutzfahrzeugtechnik mit eigenen Worten niederzuschreiben.

Der Lastkraftwagen ist in der Regel erst komplett, wenn er seinen einsatzspezifischen Aufbau erhalten hat. Es gibt einige wenige Großserien-Hersteller von Lkw aber viele hundert Aufbau-, Anhänger und Aufliegerhersteller. Daher kann dieser Text nicht die ganze Varianz an Anforderungen und Lösungen bieten. Ich glaube, eine gute Auswahl gefunden zu haben, die es dem lernenden Leser (Studierende, Techniker) ermöglicht, einen guten Einstieg zu finden. Ich bin darüber hinaus überzeugt, dass das vorliegende Heft auch dem Technikfachmann aus benachbarten Disziplinen von Mehrwert sein wird, der über den Tellerrand schauen möchte und einen kompakten und gut verständlichen Abriss sucht.

© Springer Fachmedien Wiesbaden 2016
M. Hilgers, *Einsatzoptimierte Fahrzeuge, Aufbauten und Anhänger*,
Nutzfahrzeugtechnik lernen, DOI 10.1007/978-3-658-15496-7_1

An dieser Stelle bedanke ich mich bei meinen Vorgesetzten und zahlreichen Kollegen in der Lkw-Sparte der Daimler AG, die mich bei der Realisierung dieser Serie unterstützt haben. Für wertvolle Hinweise bedanke ich mich besonders bei Herrn Georg-Stefan Hagemann, der den Text zur Korrektur gelesen hat. Beim Springer Verlag bedanke ich mich für die freundliche Zusammenarbeit, die zu dem vorliegenden Ergebnis geführt hat.

Viel Vergnügen beim Lesen wünscht Ihnen

März 2016
Weinstadt-Beutelsbach
Stuttgart-Untertürkheim
Aachen
Michael Hilgers

Einsatzoptimierte Nutzfahrzeuge

Das Nutzfahrzeug, so wie es die Werkshallen der großen Kraftfahrzeughersteller verlässt, ist oftmals für die geplante Verwendung noch nicht einsatzbereit: In der Montagehalle des Fahrzeug-OEMs läuft ein Fahrgestell oder eine Sattelzugmaschine vom Band, die in der Regel noch eines Aufbaus und Aufliegers (und ggfs. eines Anhängers) bedarf, um das Fahrzeug für die geplante Verwendung fit zu machen. Aufbauten, Anhänger oder Auflieger sind erforderlich, um die Aufgabe zu erfüllen, für die das Fahrzeug vom Kunden vorgesehen ist.

Spezialisierte Betriebe bieten Aufbauten, Anhänger und Auflieger in großer Varianz an.

Abb. 2.1 Einige Beispiele für einsatzspezifische Ausprägungen: **a** Kippsattel für den Baustelleneinsatz; **b** Allrad-Kipper; **c** Fernverkehrssattelzug; **d** Müllsammelfahrzeug; **e** Unimog für den Wintereinsatz; **f** Kühlkoffer für den Verteilerverkehr. Fotos: Daimler AG

© Springer Fachmedien Wiesbaden 2016
M. Hilgers, *Einsatzoptimierte Fahrzeuge, Aufbauten und Anhänger*,
Nutzfahrzeugtechnik lernen, DOI 10.1007/978-3-658-15496-7_2

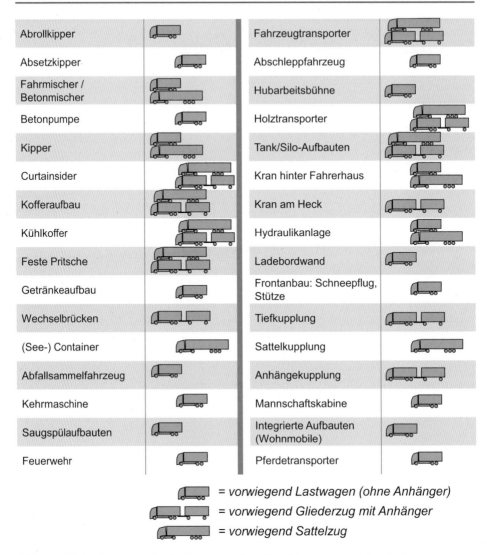

Abb. 2.2 Einige Segmente, für die einsatzoptimierte Nutzfahrzeuge verfügbar sind

Abb. 2.1 zeigt sechs von ungezählt vielen Fahrzeugvarianten, die für die Kundenverwendung komplettiert sind durch Auflieger und Aufbauten.

Man kann in der Verwendung zwischen Transportaufgabe und Arbeitsaufgabe unterscheiden. Die klassische Transportaufgabe ist es, ein Gut von A nach B zu bringen. Arbeitsaufgaben, für die Nutzfahrzeuge herangezogen werden, sind Kehrmaschinen, Müllsammelfahrzeuge, Betonpumpen, Kranwagen etc. Hier steht der Transport nicht im Vordergrund.

In [13] sind zahlreiche Spezialsegmente für Nutzfahrzeuge definiert. Diese sind in Abb. 2.2 aufgelistet. Einige Aufbauvarianten findet man eher auf Motorwägen, andere sind im Sattelzugsegment als Traileraufbau häufiger anzutreffen.

Einsatzspezifische Vorbereitung des Fahrzeugs durch den Fahrzeughersteller

Der Fahrzeugbetreiber (Käufer) ist bestrebt, eine möglichst wirtschaftliche Lösung für sein einsatzspezifisches Fahrzeug zu finden. Um ihn dabei zu unterstützen, bieten die Lkw-Hersteller branchenspezifisch vorbereitete Fahrzeuge an, die die Erfordernisse bestimmter Branchen schon berücksichtigen. Diese Fahrzeuge werden anschließend bei sogenannten Aufbauherstellern für die jeweilige Aufgabe veredelt.

3.1 Nutzlastsensible Transporte

Bestimmte Fahrzeugeinsätze erfordern ein Fahrzeug, das besonders viel Zuladung (Nutzlast) ermöglicht. Bei verschiedenen Transportaufgaben wird das Fahrzeug regelmäßig bis an das gesetzlich zulässige Fahrzeuggesamtgewicht beladen – in Deutschland sind dies 40 Tonnen bzw. 44 Tonnen im kombinierten Verkehr. Für solche Transportaufgaben ist es aus Sicht des Spediteurs gewinnbringend, die Zuladung des Fahrzeuges zu optimieren, indem das Leergewicht des Fahrzeuges gesenkt wird. Je leichter das Leerfahrzeug (inklusive Auflieger oder Anhänger) ist, desto mehr Ladung kann mitgenommen werden und entsprechend verbessert sich die Wirtschaftlichkeit des Transports. Transportaufgaben im sogenannten Tank-Silo-Segment sind besonders zuladungssensibel, hier wird besonders viel Wert auf ein möglichst leichtes Fahrzeug gelegt – siehe Abschn. 6.4.

Es gibt zahlreiche Ansatzpunkte das Leergewicht eines Lastzuges zu reduzieren. Insbesondere in solchen Fahrzeugen, die ein vergleichsweise einfaches Einsatzprofil haben, können zum Beispiel **kleinere Motoren** zum Einsatz kommen, als bei einer Standardsattelzugmaschine. Tab. 3.1 illustriert die Gewichtsdifferenzen zwischen verschiedenen Motorklassen, die in Europa in typischen 40-Tonnen Fahrzeugen angeboten werden.

Für besonders gewichtssensible Einsatzfälle sind auch spezielle **Leichtbaurahmen** möglich, bei denen die Träger des Rahmens dünner ausgeführt sind. Hierbei ist offensichtlich, dass ein so realisiertes Leichtbaufahrzeug nicht die gleiche Belastung erträgt, wie die entsprechende Standardkonfiguration. **Einblattfedern an der Vorderachse** re-

© Springer Fachmedien Wiesbaden 2016
M. Hilgers, *Einsatzoptimierte Fahrzeuge, Aufbauten und Anhänger*,
Nutzfahrzeugtechnik lernen, DOI 10.1007/978-3-658-15496-7_3

Tab. 3.1 Potential kleinerer Motoren zur Reduzierung des Fahrzeugleergewichtes. Die Angaben verstehen sich als Orientierungshilfe

Hubraum	Gewicht des Motors	Leistungsbereich	Drehmomentbereich
7–8 Liter	ca. 700 kg	bis 360 PS	bis 1500 Nm
ca. 10,5 Liter	ca. 950–1000 kg	bis 450 PS	bis 2100 Nm
12–13 Liter	ca. 1050–1150 kg	bis 500 PS	bis 2500 Nm

duzieren das Gewicht, schränken aber die Belastbarkeit des Fahrzeuges ebenfalls ein. **Superbreitreifen** sind leichter als die standardmäßige Zwillingsbereifung an der Antriebsachse. Der **Entfall des Reserverades** ist bei Superbreitreifen ohnehin zwangsläufige Konsequenz. Ein Ersatzrad für standardbereifte Sattelzüge liegt bei circa 100 kg Gewicht. **Aluminiumluftkessel** reduzieren das Leergewicht eines Fahrzeuges um 10 bis 40 kg; auch Leichtmetallräder reduzieren das Gewicht des Fahrzeuges. An den **Tanks** lässt sich Gewicht sparen, indem man zum einen kleine Tanks verbaut und des Weiteren Aluminium- oder gar Kunststofftanks für den Kraftstoff und die AdBlue-Vorräte vorsieht. Fahrzeuge, die auf Leichtgewicht getrimmt werden, werden üblicherweise mit **schmalen Kabinen** mit einer Breite von 2,30 Meter aufgebaut. Auch werden in der Kabine **gewichtsoptimierte Frontscheiben** (dünnere Schieben) eingesetzt. Eine **spartanische Ausstattung der Kabine** reduziert das Gewicht des Fahrzeuges weiter. So werden zum Teil dünnere Bodenbeläge verwendet, und es wird eine reduzierte Ausstattung des Kabineninnenraums angeboten. Sogar der Entfall des Beifahrersitzes wird in diesem Zusammenhang als Beitrag zum nutzlastoptimierten Fahrzeug in den Ausstattungslisten der Hersteller aufgeführt.

Kleinere Batterien mit geringerer Kapazität (beispielsweise 140 Ah statt 170 Ah) senken das Gewicht. Führt man die dicken Batterieleitungen in Aluminium statt im traditionell verwendeten Kupfer aus, erzielt man bei gleicher Funktionalität ein geringeres Gewicht. **Der Wegfall von Dachspoiler und Endkantenklappen** eröffnet weiteres Einsparpotential beim Gewicht, ist aber mit Mehrverbrauch aufgrund des höheren Luftwiderstandes zu bezahlen.

3.2 Volumentransporte

Neben den Einsatzfällen, bei denen das Fahrzeug an seine Nutzlastgrenze stößt, ist die zweite offensichtliche Grenze das Volumen des Laderaums. Bei leichten Gütern oder solchen Ladungen, bei denen viel Luft oder Verpackung mittransportiert wird, kann der Spediteur das zulässige Gesamtgewicht seines Zuges gar nicht ausnutzen, da der Laderaum begrenzt ist. Um dennoch so viel wie möglich transportieren zu können, werden volumenoptimierte Lastzüge angeboten. Der Fahrzeughersteller bietet daher Fahrzeuge mit niedrigem Rahmen – sogenannte Low-Liner – an. Diese werden mit Niederquerschnittsreifen und extra flach bauender Sattelkupplung aufgebaut. So ist für Sattelzüge eine Aufsattelhöhe von 900 mm erzielbar. Der geeignete Aufbau bzw. Auflieger erlaubt

Abb. 3.1 Schematische Darstellung eines Standardsattelzugs (*oben*) und eines Aufliegers mit Tiefbett. Um das Transportvolumen zu optimieren, werden Tiefbettauflieger häufig mit kleineren Reifenformaten aufgebaut

es damit bei einer Gesamthöhe von 4 m einen 3 m hohen Laderaum zu verwirklichen. 3 m Ladehöhe ist beispielsweise für die Teilelogistik in der Automobilindustrie eine wichtige Zielgröße: Hier werden stapelbare normierte Gitterboxen mit einer Höhe von 1 m eingesetzt. Eine Ladehöhe von 3 m ermöglicht es, drei, statt lediglich nur zwei Gitterboxen übereinander zu laden.

Ein noch größeres Ladevolumen im Sattelzugsegment erlaubt der Auflieger mit Tiefbett, bei dem zwischen Sattelkupplung und Trailerachsen der Rahmen nach unten abgewinkelt ist, um ein erhöhtes Transportvolumen zu erzielen – Abb. 3.1. Der Tiefbettrahmen ermöglicht es, höhere Ladungen zu transportieren als mit dem Standardsattelzug. Beim Transport von hohem Ladegut, hohen Maschinen und auch beim Transport von Fahrzeugen (Lkw!) ist die Höhenbegrenzung in vielen Ländern ein beschränkender Faktor. Beim Tiefbettrahmen ergibt sich für den Transport von Fahrzeugen oder mobilen Arbeitsmaschinen als weiterer Vorteil, dass das zu transportierende Fahrzeug eine weniger hohe Rampe hinauffahren muss.

3.3   Verteilerverkehr

Fahrzeuge, deren Haupteinsatz darin besteht, regional Waren zu verteilen sind sogenannte
Verteilerfahrzeuge – im Gegensatz zum Fernverkehr, in dem es darum geht, Waren über
größere Strecken zu transportieren. Klassische Verteilerverkehre sind die Belieferung von
Lebensmitteln an viele Einzelhandelsgeschäfte oder die Anlieferung von Heizöl und Bau-
stoffen. Im Verteilerverkehr schläft der Fahrer in der Regel nicht im Fahrzeug. **Kleinere
Kabinen** in denen die Funktionen „Wohnen" und „Schlafen" weniger ausgeprägt sind,
sind ausreichend.

Der Verteilerverkehr stellt spezifische Anforderungen an das Fahrzeug: Da der Verteiler-
Lkw einen höheren Fahranteil innerorts aufweist, ist es besonders wichtig, dass die Kabine
eine **gute Rundumsicht** bietet. Typischerweise muss der Fahrer mehrere Male am Tage
ein- und aussteigen, so dass ein **bequemer Aufstieg** in die Kabine gewünscht ist: Wenige
Stufen und ein treppenförmiger Einstieg helfen hier [4].

Auch die Aufbauhersteller bieten Aufbauten und spezielle Ausstattungsvarianten für
den Verteilerverkehr an – Abschn. 6.1.

3.4   Baustelle und Gelände

Die wichtigsten konstruktiven Eigenschaft, die einen Lkw befähigen im Gelände beziehungsweise im schweren Baustellenverkehr eingesetzt zu werden, betreffen den Antrieb
und das Fahrwerk. Mehrere angetriebene Achsen sorgen für Traktion auf rutschigem oder
nachgebendem Untergrund. Ein kurz übersetzter Triebstrang ermöglicht sehr langsame
Kriechfahrt und stellt ein hohes Drehmoment am Rad zur Verfügung. Dadurch wird der
Anfahrvorgang vereinfacht und eine hohe Steigfähigkeit des Fahrzeugs erzielt. Gerne werden Getriebe mit einer erhöhten Zahl von Gängen und damit geringeren Gangsprüngen
verbaut als beim Fernverkehrsfahrzeug.

Wichtig in unebenen Gelände ist, dass das Fahrzeug nicht am Boden aufsetzt. Daher ist
für Fahrzeuge im Geländeeinsatz eine hohe Bodenfreiheit typisch. Um hohe Bodenfreiheit
zu gewährleisten, dürfen Anbaukomponenten wie Tanks, Abgasanlage etc. nicht zu weit
nach unten hängen. Des Weiteren werden gekröpfte Achsen verwendet, damit unter der
Achsbrücke möglichst viel Platz bleibt. Auch die Winkel und Schrägen, die das Fahrzeug
befahren kann, tragen zur Geländefähigkeit bei. Abb. 3.2 erläutert die Böschungswinkel,
den Rampenwinkel, und die Bodenfreiheit zwischen den Achsen.

Mit dem Radstand r und der Bodenfreiheit h ergibt sich der Rampenwinkel ρ nähe-
rungsweise folgendermaßen:

$$\rho = 2 \cdot \arctan\left(\frac{2 \cdot h}{r}\right) \tag{3.1}$$

Ein kurzer Radstand ergibt einen großen Rampenwinkel. Für Wasserdurchfahrten ist des
Weiteren die Wattiefe des Fahrzeugs wichtig; diese gibt an bis zu welcher Tiefe das Fahr-

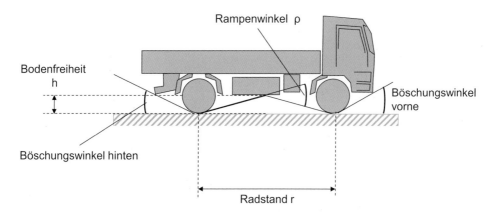

Abb. 3.2 Geometrische Abmessungen, die im Gelände- und Baustelleneinsatz wichtig sind

zeug durch Wasserlachen etc. fahren kann. Für Fahrzeuge, die einen hohen Kundenanteil im Segment Feuerwehr, Polizei, Technisches Hilfswerk und Hilfsorganisationen haben, werden Sonderausstattungen angeboten, die die serienmäßige Wattiefe erhöhen. Dazu werden Entlüftungsöffnungen nach oben verlegt, so dass dort kein Wasser eindringt.

Um ein robustes Fahrzeug zu konfigurieren, werden Gelände-Lastwagen mit Stahlfederung und Trommelbremsen konfiguriert. Darüber hinaus gibt es auch zahlreiche nützliche Kleinigkeiten, um einen Gelände- oder Baustellen-Lkw praxistauglich zu machen:

An der Fahrzeugfront ist ein Koppelmaul erhältlich, mit dem man Geräte und Maschinen auf der Baustelle rangieren kann.

Um das Fahrzeug vor Beschädigungen zu schützen, werden Abweisbleche unterhalb des Kühlers angebracht, die verhindern, dass bei einem leichten Bodenkontakt gleich der teure Kühler (dessen unbemerkte Beschädigung auch teuere Folgeschäden am Motor verursacht) in Mitleidenschaft gezogen wird. Bei verschiedenen Fahrzeugen wird die unterste Stufe des Aufstiegs flexibel angebracht. So wird verhindert, dass es schon bei leichtem Kontakt mit Hindernissen oder dem Boden zu Beschädigungen am Aufstieg kommt. Schutzgitter vor den Scheinwerfern schützen diese vor Steinschlag. Abb. 3.3 zeigt die letztgenannten Details für ein Fahrzeug im Offroad-Einsatz.

Baustellenfahrzeuge haben zweckmäßigerweise eine Trittstufe seitlich am Fahrerhaus, um in die Mulde schauen zu können und den dazu passenden Haltegriff, um diese Stufe zu erklimmen. Eine stehende Auspuffanlage mit der Ausblasöffnung nach oben verhindert, dass der Abgasstrom des Fahrzeugs in der Baustelle zu viel Staub aufwirbelt.

Der (stückzahlmäßig) wichtigste Aufbau im Gelände und Baustelleneinsatz ist der Kipper – siehe Abschn. 6.3.

Abb. 3.3 Details für den Baustelleneinsatz: Schutzgitter für die Scheinwerfer und flexible untere Aufstiegsstufe. Foto: Daimler AG

3.5   Einsatz bei Kälte und im Winter

Um den Einsatz des Fahrzeugs im Winter und/oder in kalten Ländern produktiv zu gestalten, gibt es zahlreiche technische Lösungen, Sonderausstattungen und Zubehör für den Lkw. Eine **leistungsfähige Heizung** ist selbstverständlich. Diese kann mit einer verbesserten Kabinenisolation kombiniert werden und durch eine **Standheizung** ergänzt werden.

3.5.1   Verbesserung des Startverhaltens

Bei großer Kälte ist die Startwilligkeit des Motors verringert: Die Batterie gibt weniger Leistung ab, das Moment welches erforderlich ist, den Motor (und bei geschlossener Kupplung das Getriebe) zu drehen ist deutlich erhöht, da Motor- und Getriebeöl zähflüssig werden und da das Zündverhalten im Brennraum schlechter ist.

Ein Beitrag, das Fahrzeug für niedrige Temperaturen zu ertüchtigen, ist daher der Einsatz von **Starterbatterien mit größerer Kapazität**.

Kältegeeignete Öle bleiben auch bei niedrigen Temperaturen länger fließfähig und reduzieren so das Drehmoment, das zum Start des Motors erforderlich ist. Ungünstigerweise sind diese synthetischen Öle zumeist mit Mehrkosten verbunden.

Die **Flammstartanlage** dient der Erwärmung der Luft im Ansaugtrakt des Motors. Im Ansaugtrakt sitzt eine Dosiereinheit und ein Heizelement. Die Dosiereinheit tröpfelt Dieselkraftstoff auf das erwärmte Heizelement. Dort reagiert der Diesel mit der Luft und setzt dabei Wärme frei. Die in den Brennraum gelangende Luft ist vorgeheizt und der Motor startet besser. Überdies wird der Verschleiß des Motors reduziert. Auch ist die Verbrennung des Motors in der Startphase verbessert und es resultiert ein besseres Emissionsverhalten.

Die **elektrische Vorwärmung** der Ansaugluft dient dem gleichen Zweck, wie die Flammstartanlage. Allerdings wird hier die Erwärmung elektrisch umgesetzt: Im Ansaugtrakt steht ein Gitternetz im Luftstrom, das von elektrischem Strom durchflossen wird und sich bei einer Leistungsaufnahme von circa 2 kW erwärmt. Die Ansaugluft, die an diesem Gitternetz vorbeistreicht, gelangt vorgewärmt in den Brennraum.

Das **Blockheizgerät**, oder Blockheater, ist eine extern versorgte elektrische Heizung des Motors bei geparktem Fahrzeug. Per Kabel wird das Blockheizgerät an eine elektrische 230 Volt (bzw. 110 Volt) Steckdose angeschlossen. Ein Heizelement heizt elektrisch das Motorkühlwasser (wie ein „Tauchsieder") und somit den gesamten Motorblock. Die Fließfähigkeit des Motoröls erhöht sich. Dadurch verbessert sich die Startfähigkeit des Motors.

3.5.2 Traktionshilfe

Die Traktionshilfe schlechthin sind zusätzliche angetriebene Achsen – siehe [2]. Diese können über Gelenkwellen direkt mechanisch angetrieben sein oder als hydraulische Zusatzachse ausgeführt sein. Auch der Traktion dienlich sind die folgenden Ausstattungen für Fahrzeuge, die in nordischen oder alpinen Ländern oder unter winterlichen Bedingungen eingesetzt werden.

Traktionshilfe durch Achslasterhöhung Bei Fahrzeugen mit Vorlaufachse oder Nachlaufachse wird als Anfahrhilfe die Vor/Nachlaufachse pneumatisch entlastet und die Antriebsachse dadurch mit einer erhöhten Achslast belastet. Die Traktion an der Antriebsachse auf rutschigem Untergrund oder unebenem Boden steigt an. Die Achslasterhöhung ist in der Regel zeitlich begrenzt und schaltet sich oberhalb einer bestimmten Geschwindigkeit ab, um die Bauteile des Fahrwerks zu schonen.

Auf winterlichen Straßen empfehlen sich **Schneeketten**. Auch in Mitteleuropa hört man Winter für Winter, dass auf verschiedenen Straßen explizit Schneeketten für Lkw vorgeschrieben sind. Es gibt Schneeketten, die nur auf dem äußeren der beiden Zwillingsreifen montiert werden, und sogenannte Zwillingsketten, die über beide Reifen geworfen werden. Zwillingsketten sind insbesondere dann erforderlich, wenn die Straße oder der

Abb. 3.4 Schematische
Darstellung der Notwendig-
keit von Zwillingsketten auf
schwierigen Wegen

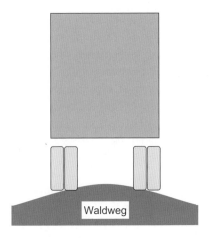

Waldweg

Weg zu den Rändern hin abfällt. Abb. 3.4 illustriert dies. Schneeketten, die nur auf den äußeren Reifen eines Zwillings aufgezogen sind, helfen bei gewölbter Fahrbahn nicht optimal.

Ein Verwandter der Schneekette ist die sogenannte **Schleuderkette** oder Rotationskette. Hierbei wirft eine rotierende Vorrichtung Kettenstücke vor die Reifen.

Ein Schwenkarm drückt (pneumatisch) eine runde Platte seitlich von innen gegen das Rad des Fahrzeugs. Die runde Platte wird dadurch in Rotation versetzt ähnlich einem Dynamo beim Fahrrad. Durch die Fliehkraft werden an der Platte befestigte Kettenstränge vor das Rad geschleudert und der über die Kettenstücke rollende Reifen erhält eine erhöhte Traktion.

Die Rotationsgeschwindigkeit der Schleuderkette synchronisiert sich automatisch mit der Radgeschwindigkeit. Bei Rückwärtsfahrt dreht sich auch die Drehbewegung der Schleuderkette um. Abb. 3.5 zeigt schematisch das Prinzip der Schleuderkette.

Die Schleuderkette lässt sich während der Fahrt vom Fahrersitz zuschalten, so dass sie sofort einsatzbereit ist und auch rasch wieder deaktiviert werden kann. Darin besteht der große Vorteil gegenüber der Schneekette, die bei der Montage und Demontage erfordert, dass der Fahrer anhält, aussteigt und die manchmal störrischen Schneeketten auf die Reifen ziehen muss. Die Rotationskette unterstützt die Traktion allerdings erst, wenn sich Rad und Rotationskette in einer Drehbewegung befinden. Bei stehendem Rad wirkt die Kette nicht. Auch beim Bremsvorgang mit sich verlangsamenden oder gar blockierenden Rädern wirkt die Rotationskette weniger gut als eine Schneekette. Außerdem verringert die Schleuderkette die Bodenfreiheit. Sind Schneeketten vorgeschrieben (Abb. 3.6), so ist eine Schleuderkette nicht ausreichend.

In verschiedenen Ländern mit langandauernder geschlossener Schnee- und Eisdecke sind auch **Spikereifen** im Einsatz. Das sind Winterreifen mit eingearbeiteten Metallnägeln, die radial nach außen abstehen. Dadurch wird sehr gute Traktion bei verschneiter oder vereister Fahrbahn erzielt. Bei freier Straße verschlechtern die Metallnägel das Fahra   b

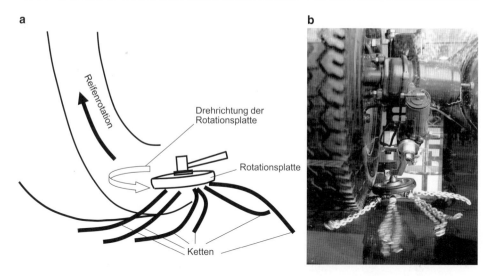

Abb. 3.5 Funktionsprinzip der Schleuderkette. **a** Schematische Darstellung. Die Kettenstücke sind hier als Linie gezeigt; in der Realität handelt es sich um Gliederketten. **b** Schleuderkette im Betrieb. Foto: M. Hilgers

Abb. 3.6 Schneekette vorgeschrieben – Zeichen 268, siehe
[5]

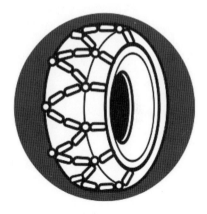

verhalten und beschädigen die Straße. Sie sind in Deutschland seit geraumer Zeit nicht mehr zugelassen.

3.5.3 Weitere Maßnahmen zum Betrieb bei niedrigen Temperaturen

Das Öl der Kipphydraulik des Fahrerhauses verhält sich bei niedrigen Temperaturen wie das Motoröl: Es wird zähflüssig. **Spezielles Kipphydrauliköl** für Kälteeinsätze wird daher angeboten.

Für tiefe Temperaturen wird geeigneter sogenannter **Winterdiesel** und ein **erhöhter Anteil an Frostschutzmittel** in der Kühlflüssigkeit verwendet.

Für Baustellenfahrzeuge werden **beheizte Kippmulden** angeboten. Diese verhindern, dass das Schüttgut in der Kippmulde eines Kippers festfriert oder verzögert die Abkühlung warmer Schüttgüter (zum Beispiel Bitumen). Dazu wird ein Teil des Abgases durch Hohlräume in der Kippmulde geleitet. Der Fahrzeughersteller bietet einen entsprechenden Anschluss an der Abgasanlage an und der Hersteller der Kippmulde muss für eine geeignete Führung der Abgase durch die Kippmulde und einen Abgasaustritt Sorge tragen.

3.6 Feuerwehrfahrzeuge

Die entscheidenden technischen Aufbauten, die ein Fahrzeug zu einem Feuerwehrfahrzeug machen, werden beim Aufbauhersteller angebracht. Allerdings bieten Fahrzeughersteller Fahrgestelle an, die für den Feuerwehraufbau vorbereitet sind. Insbesondere wich-

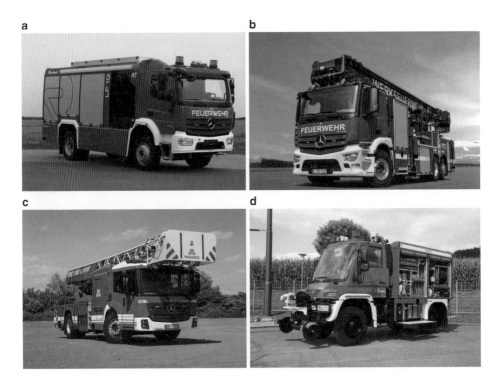

Abb. 3.7 Feuerwehrfahrzeuge, die auf verschiedenen Mercedes-Fahrzeugen aufgebaut wurden: **a** Löschgruppenfahrzeug aufgebaut auf einem Atego; **b** Teleskopmast auf einem Antos; **c** Drehleiter auf einem Econic; **d** Feuerwehr-Unimog als Zweiwegefahrzeug für Einsatz auf Straße und Schiene. Fotos: Daimler AG

tig ist, dass außen am Rahmen möglichst wenige Anbauteile des Fahrgestellherstellers Platz einnehmen. Denn dieser Platz wird gebraucht, um möglichst viel Stauraum für die Feuerwehrtechnik zu haben. Obwohl es europaweit sogenannte Normfahrzeuge für den Feuerwehreinsatz gibt, werden Feuerwehrfahrzeuge in einer extrem hohen Varianz aufgebaut. Abb. 3.7 zeigt Beispiele.

Viele Feuerwehren haben spezifische Anforderungen, die von den Herstellern der Feuerwehraufbauten bedient werden. Es gibt zahlreiche Spezialliteratur zu Feuerwehrfahrzeugen.

Aufbauten

4

Aufbauten werden von sogenannten Aufbauherstellern angeboten, die spezifisches Branchenwissen mit maßgeschneiderter Technik kombinieren[1]. Abb. 4.1 zeigt neun von ungezählt vielen Varianten, die durch den Aufbau aus den Fahrgestellen der OEMs geschaffen werden.

Die Zahl der Aufbauhersteller und der spezialisierten Aufbauten ist Legion.

Damit die Aufbauten mit den Motorwagen harmonieren, gibt es detaillierte Aufbauherstellerrichtlinien, die beschreiben, wie Aufbauten an den Motorwagen angepasst werden müssen [13, 18, 19]. Auch nach der Ergänzung beziehungsweise dem Umbau durch den Aufbauhersteller muss das Fahrzeug die relevanten Anforderungen und Vorschriften erfüllen.

Auswahl des richtigen Grundfahrzeuges für einen Aufbau
Für einen bestimmten Aufbau sind einige Grundfahrzeuge des OEMs besser geeignet als andere. Einige Fahrzeugausführungen lassen sich auch gar nicht mit bestimmten Aufbauten kombinieren. Wichtige Eigenschaften, die bei der Auswahl des Grundfahrzeuges berücksichtigt werden sollten, sind zum Beispiel:

- Geometrische Abmaße wie Radstand und Überhang.
- Motorleistung/Motormoment
- Getriebeabstufung und Achsübersetzung
- Nebenabtriebe
- Zulässiges Gesamtgewicht und zulässige Achslasten. Auch die Reifentragfähigkeit ist zu beachten.

---

[1] Einfache und oft bestellte Aufbauten wie Wechselpritschensysteme, Kipper oder einfache Kofferaufbauten werden teilweise im Bandablauf des OEMs aufgesetzt. Das ändert aber nichts an der Tatsache, dass sich ein Aufbauhersteller um die technische Auslegung des Aufbaus kümmert.

© Springer Fachmedien Wiesbaden 2016
M. Hilgers, *Einsatzoptimierte Fahrzeuge, Aufbauten und Anhänger*,
Nutzfahrzeugtechnik lernen, DOI 10.1007/978-3-658-15496-7_4

Abb. 4.1 Einsatzspezifische Aufbauten auf Motorwägen: **a** Fahrmischer; **b** Catering-Fahrzeug für das Flughafenvorfeld; **c** Holztransporter; **d** Kehrmaschine; **e** Kühlkoffer; **f** Winterdienst; **g** Absetz-kipper; **h** Tankfahrzeug; **i** Kipper mit Ladekran. Fotos: a; b; d; e; und i: Daimler – c; f; g: MAN – h: Schwarzmüller

4.1   Hilfsrahmen

Auf den Rahmen des Grundfahrzeuges wird der Aufbau aufgesetzt (siehe auch [2]). Bei verschiedenen Aufbauten wird auf den eigentlichen Fahrzeugrahmen ein zweiter Rahmen, der sogenannte Hilfsrahmen, aufgelegt. Dieser besteht in der Regel aus Längsträgern in Form von U-Profilen, seltener aus Kastenprofilen, die durch Querträger verbunden werden. Der Hilfsrahmen wird am eigentlichen Fahrzeugrahmen befestigt. Der Hilfsrahmen dient dazu, die Gesamtsteifigkeit des Fahrzeuges beziehungsweise des Fahrzeugaufbaus zu erhöhen.

Alternativ zum Hilfsrahmen kann der Fahrzeugrahmen auch durch Verstärkungen aufgerüstet werden. Solche Verstärkungen sind zum Beispiel U-Profile, die als Innenverstärkungen in den Fahrzeugrahmen eingelegt und dort verschraubt werden oder Kreuzstreben, die den Fahrzeugrahmen versteifen.

Bei selbstragenden Aufbauten können Hilfsrahmen eventuell entfallen. Kofferaufbauten können als selbsttragende Aufbauten realisiert sein.

4.2 Fahrzeug-Integration des Aufbaus

Der Aufbau verändert das Fahrzeug unter Umständen sehr grundlegend. Der Aufbauhersteller hat daher sicherzustellen, dass auch mit Aufbau bestimmte Eigenschaften des Fahrzeuges gewährleistet sind. Dazu gehört vorrangig die Sicherheit; aber auch Geräusch des Fahrzeuges (innen wie außen), Lebensdauer der Komponenten oder Reparaturfähigkeit des Gesamtfahrzeuges sind Eigenschaften, die der Aufbauhersteller nicht aus den Augen verlieren darf. Teilweise macht der Hersteller des Grundfahrzeuges in seinen Aufbauherstellerrichtlinien auch konkrete Vorgaben, die vom Aufbauer zu berücksichtigen sind.

Durch den Aufbau wird der Schwerpunkt des Fahrzeuges verändert. Wird der Schwerpunkt stark nach oben verschoben (Hochlast), so sind Stabilisatoren vorzusehen. Für Fahrzeuge mit Stabilitätsassistent (ESP – siehe [3]) besteht die Möglichkeit, die Parameter des Stabilitätsassistenten auf Hochlast anzupassen [13]. Zwischen Aufbau und Fahrerhaus ist ein genügend großer Freiraumabstand vorzusehen. Dieser Abstand muss so bemessen sein, dass sich das Fahrerhaus kippen lässt. Auch dürfen Aufbau und Fahrerhaus bei Verwindung des Fahrzeuges nicht kollidieren.

4.3 Elektronische Integration des Aufbaus

In der Regel muss der Aufbau elektrisch/elektronisch in das Fahrgestell des Fahrzeugherstellers integriert werden. Eine einfache elektrische Integration besteht darin, dass der Aufbau seine Stromversorgung aus dem Bordnetz des Fahrzeuges bezieht, um einfache Verbraucher (Lampen, Seitenmarkierungsleuchten ab 6 m Länge, oder ähnliches) zu betreiben. Der Fahrzeughersteller bietet den Aufbauherstellern definierte Abgriffspunkte an, um Strom für den Aufbau abzuzweigen. Dadurch wird das Bordnetz zusätzlich belastet. Je nach Strombedarf ist es ratsam, das Fahrzeug werksseitig mit leistungsfähigeren Batterien auszustatten.

Für Fahrzeugaufbauten, die dem Transport von Gefahrgut dienen, wird das Bordnetz des Grundfahrzeugs mit einem Not-Aus-Schalter versehen.

Bei einer elektronisch komplexeren Integration des Aufbaus in das Fahrzeug tauschen Fahrzeug und Aufbau elektronische Botschaften aus. Dazu bietet das Grundfahrzeug dem Aufbauhersteller eine Schnittstelle, mit der der Aufbau an das elektronische System des Fahrzeuges – siehe [3] – angeschlossen wird. Dem Aufbau werden dabei Informationen aus dem Fahrzeug zur Verfügung gestellt, wie beispielsweise Fahrzeuggeschwindigkeit, eingelegter Gang, Motordrehzahl oder der Status der Feststellbremse. Umgekehrt kann der Aufbau über diese Schnittstelle Anforderungen an das Fahrzeug stellen. Das kann zum

Beispiel eine Erhöhung der Drehzahl sein: Wenn eine Betonpumpe in den Fördermodus geht, fordert sie eine erhöhte Motordrehzahl an, damit am Nebenabtrieb eine ausreichende mechanische Leistung zur Verfügung steht.

4.4 Mechanische Energieversorgung des Aufbaus

Der Aufbau eines Lastkraftwagens braucht häufig einen Antrieb: Betonmischertrommeln müssen sich drehen, Ladekräne müssen bewegt werden, Kehrmaschinen müssen betrieben werden und dergleichen mehr. Abb. 4.2 zeigt am Beispiel eines Fahrzeugherstellers, welche Abzweigmöglichkeiten es gibt, um den Energiebedarf des Aufbaus zu decken.

In Abb. 4.3 ist die Empfehlung des gleichen Lastwagenherstellers gezeigt, welche Abtriebe als Antriebe für spezifische Aufbauten und Funktionalitäten empfohlen werden.

Mitunter ist es auch erforderlich, dass ein Anhänger nicht nur durch das Zugfahrzeug mit Energie versorgt wird, sondern dass der Anhänger oder Auflieger eine eigene Energieversorgung aufweist. Insbesondere Kühlauflieger verfügen über eine unabhängige

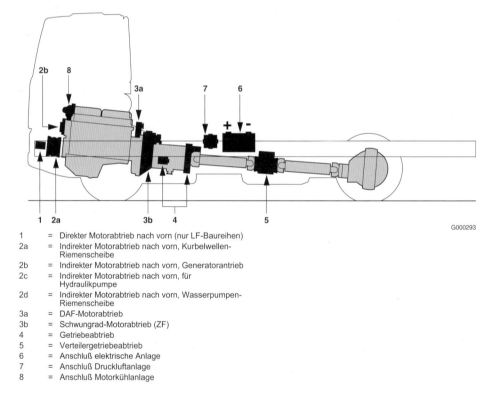

G000293

1	=	Direkter Motorabtrieb nach vorn (nur LF-Baureihen)
2a	=	Indirekter Motorabtrieb nach vorn, Kurbelwellen-Riemenscheibe
2b	=	Indirekter Motorabtrieb nach vorn, Generatorantrieb
2c	=	Indirekter Motorabtrieb nach vorn, für Hydraulikpumpe
2d	=	Indirekter Motorabtrieb nach vorn, Wasserpumpen-Riemenscheibe
3a	=	DAF-Motorabtrieb
3b	=	Schwungrad-Motorabtrieb (ZF)
4	=	Getriebeabtrieb
5	=	Verteilergetriebeabtrieb
6	=	Anschluß elektrische Anlage
7	=	Anschluß Druckluftanlage
8	=	Anschluß Motorkühlanlage

Abb. 4.2 Verschiedene Möglichkeiten vom Motorwagen Energie abzuzweigen, um einen Fahrzeugaufbau zu versorgen. Darstellung entnommen aus [18]

Aufbautyp/Energieversorgungsmatrix

Anwendung	1	2a	2b	2c	2d	3a	3b	4	5	6	7	8
Energielieferanten												
Klimaanlage		┊			┊					┊		
Ladekran								┊				
Betonmischer	┊				┊							
Betonpumpe	┊				┊	┊	┊	┊	┊			
Schüttgutkompressor								┊				
Container-Absetzsystem								┊				
Generator (Lichtmaschine)		┊	┊					┊				
Hochdruckpumpe						┊	┊	┊	┊			
Hocharbeitsbühne		┊						┊				
Hausmüll-Presse	┊					┊		┊				
Kipperaufbau								┊				
(Tief-)Kühltransport		┊	┊	┊	┊	┊						
Kanalreinigungsaufbau	┊					┊	┊	┊				
Ladebordwand										┊		
Winde								┊	┊			
Druckluftverbraucher											┊	
Aufbauheizung	┊											┊
Tankaufbau (u. a. Milchsammeltransport)								┊				
Löschfahrzeug (Feuerwehraufbau)						┊	┊	┊				

1	=	Direkter Motorabtrieb nach vorn (nur LF-Baureihen)
2a	=	Indirekter Motorabtrieb nach vorn, Kurbelwellen-Riemenscheibe
2b	=	Indirekter Motorabtrieb nach vorn, Generatorantrieb
2c	=	Indirekter Motorabtrieb nach vorn, für Hydraulikpumpe
2d	=	Indirekter Motorabtrieb nach vorn, Wasserpumpen-Riemenscheibe
3a	=	DAF-Motorabtrieb
3b	=	Schwungrad-Motorabtrieb (ZF)
4	=	Getriebeabtrieb
5	=	Verteilergetriebeabtrieb
6	=	Anschluß elektrische Anlage
7	=	Anschluß Druckluftanlage
8	=	Anschluß Motorkühlanlage

Abb. 4.3 Empfohlene Zuordnung eines Lastwagenherstellers: Welche Energiequellen des Motorwagens eignen sich für welche Anwendung? Die „Energielieferanten" entsprechen den verschiedenen Optionen aus Abb. 4.2. Darstellung entnommen aus [18]

dieselbetriebene Energieversorgung (Abschn. 6.2). Dadurch kann die Ladung auch gekühlt werden, wenn der Auflieger nicht mit einem Zugfahrzeug gekoppelt ist.

Anhänger und Sattelanhänger

5

Anhänger sind gezogene Fahrzeuge ohne eigenen Antrieb, die an ein motorisiertes Fahrzeug angehängt werden. Es wird auch von „gezogenen Einheiten" gesprochen. Man unterscheidet den Anhänger vom Sattelanhänger. Der Sattelzug und der Sattelanhänger (oder formal das Sattelkraftfahrzeug) zeichnen sich dadurch aus, dass ein wesentlicher Teil des Gewichts des Sattelanhängers und der Ladung des Sattelanhängers vom motorisierten Kraftfahrzeug getragen wird. Der Sattelanhänger liegt auf dem Zugfahrzeug auf. Daher wird treffenderweise auch häufig vom Auflieger gesprochen.

5.1 Verschiedene Gespannkombinationen

Gezogene Fahrzeuge ohne eigenen Antrieb, also Anhänger und Auflieger, müssen mechanisch zuverlässig mit dem Zugfahrzeug verbunden werden. Die ebenfalls erforderliche elektrische Verbindung wird weiter unten behandelt – Abschn. 5.2. Es gibt unterschiedliche Konzepte, Gespanne aus Zugfahrzeug und Anhänger zu bilden: Die drei wohl wichtigsten Kombinationen sind Sattelzüge (Abb. 5.1), Fahrzeuge mit Drehschemelanhänger (siehe Abb. 5.3) und Zugkombinationen mit Zentralachsanhänger (Abb. 5.6). Die beiden letzten Kombinationen werden auch Lastzug genannt (im Gegensatz zum Sattelzug, der in diesem Sprachgebrauch kein Lastzug ist).

Die verschiedenen mechanischen Kupplungsmöglichkeiten müssen Kräfte vom angetriebenen Zugfahrzeug auf den Anhänger übertragen. Gleichzeitig aber müssen Zugfahrzeug und Anhänger zueinander beweglich sein.

© Springer Fachmedien Wiesbaden 2016   25
M. Hilgers, *Einsatzoptimierte Fahrzeuge, Aufbauten und Anhänger*,
Nutzfahrzeugtechnik lernen, DOI 10.1007/978-3-658-15496-7_5

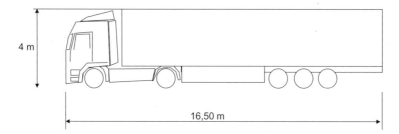

4 m

16,50 m

Abb. 5.1 Sattelzug. Im Fernverkehr findet diese Fahrzeugkonfiguration die weiteste Verbreitung

5.1.1 Sattelzug

Was ist ein Cowboy ohne Pferd?
Ein Sattelschlepper
Kinderwitz

Beim Sattelzug liegt der Auflieger drehbar auf der Sattelplatte des Zugfahrzeugs auf. Dadurch ergibt sich genau ein Drehpunkt im Gesamtzug. Damit verschiedene Auflieger und Zugfahrzeuge miteinander kombiniert werden können, sind die Abmessungen und Freiräume zwischen Zugfahrzeug und Auflieger in einer Norm [8] festgelegt.

Es gibt höhenverstellbare Sattelkupplungen, um Auflieger mit verschiedenen Sattelhöhen aufnehmen zu können und Sattelkupplungen, die sich entlang der Längsachse des Fahrzeuges (x-Richtung) verschieben lassen, um das Sattelvormaß zu verändern und damit Einfluss auf die Achslastverteilung der Zugmaschine zu nehmen. Die Beladungsverteilung beim fünfachsigen Sattelzug muss sorgfältig erfolgen. um die zulässigen Achslasten einzuhalten [1].

5.1.1.1 Sattelkupplung

Die Sattelkupplung stellt die mechanische Verbindung zwischen Zugfahrzeug und Auflieger her. Sie trägt einen Teil des Aufliegergewichtes und überträgt diesen Anteil auf die Achsen des Zugfahrzeuges (insbesondere auf die Hinterachse(n)). Am Rahmen der Sattelzugmaschine sind seitlich Winkel befestigt, auf denen die Sattelkupplung verschraubt wird.

Herzstück der Sattelkupplung ist die Kupplungplatte, auf der der Auflieger aufliegt. Die Kupplungsplatte hat eine zum Fahrzeugheck hin offene längliche Öffnung, in die der Königszapfen des Aufliegers hineingleitet. Der Königszapfen wird durch eine Verriegelung arretiert, damit er im Fahrbetrieb nicht wieder herausrutscht. Des Weiteren weist der Königszapfen eine umlaufende Nut auf, so dass der Auflieger sich nicht von der Sattelplatte abheben kann.

Die Form des Königszapfens ist normiert, so dass ein Zugfahrzeug austauschbare Auflieger ziehen kann. Es sind zwei Größen gebräuchlich: Königszapfen für die Standardanwendung mit einem Durchmesser von zwei Zoll (etwas mehr als 50 mm) [7] und Kö-

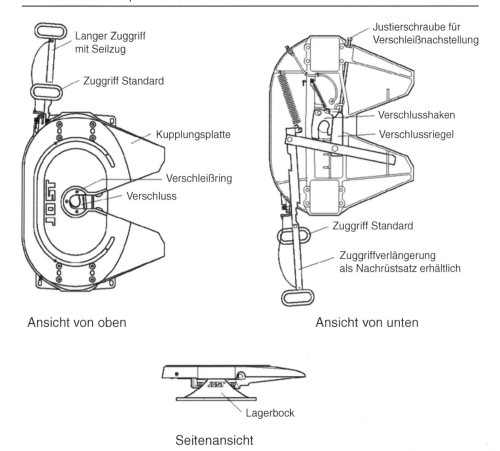

Ansicht von oben   Ansicht von unten

Seitenansicht

Abb. 5.2 Prinzipieller Aufbau einer Sattelkupplung. Darstellung der Firma Jost [15]

nigszapfen für Schwerlastanwendungen mit 3,5 Zoll Durchmesser, das entspricht etwas weniger als 90 mm [9].

Der Auflieger dreht sich bei Kurvenfahrt auf der Kupplungsplatte. Der Drehpunkt ist der Königszapfen. Die Kupplungsplatte ist geschmiert oder weist eine spezielle Gleitoberfläche auf, um diese Drehung nicht zu hemmen. Durch die Drehung des Aufliegers auf der Sattelplatte weist der Sattelzug einen Knickpunkt auf.

Die Kupplungsplatte ist um die Querachse (Achse in y-Richtung) kippbar gelagert, so dass bei Rampenfahrt Zugfahrzeug und Auflieger eine unterschiedliche Neigung aufweisen können. Der prinzipielle Aufbau einer Sattelkupplung ist in Abb. 5.2 gezeigt.

5.1.1.2 Stützwinden

Um den Sattelauflieger abkuppeln und abstellen zu können, verfügt dieser über Stützfüße. Auf denen stützt sich der vordere Teil des Aufliegers ab, wenn der Auflieger nicht aufgesattelt ist. Im abgesattelten Zustand steht das Gewicht des Sattelaufliegers auf den

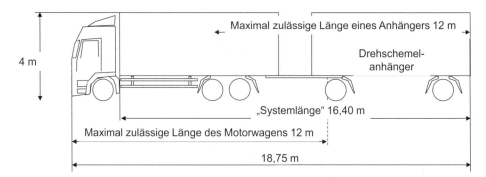

Abb. 5.3 Gliederzug: Motorwagen mit Drehschemelanhänger

Stützfüßen und dem Fahrwerk des Aufliegers. Die Stützen liegen näher an der Hinterachse als der Königszapfen. Daher ist die Stützlast, die die Stützwinden tragen größer als die statische Last, die als Sattellast auf die Sattelkupplung übertragen wird.

Es gibt verschieden komfortable Stützensysteme. Ein einfaches System sind Steckstützen: dies sind lose Stützen, die vor dem Absatteln untergestellt werden. Dieses System ist kostengünstig und leicht und ist dann sinnvoll, wenn der Sattelzug praktisch nie getrennt wird. Bei der Fallstütze stecken die Stützen in einem Rohr und werden mit Steckbolzen im Fahrbetrieb oben gehalten. Löst man die Bolzen so fällt die Stütze herunter und wird im abgelassenen Zustand wiederum durch Bolzen gesichert. Die verschiedenen Höhen in der der abgesattelte Auflieger abgestellt werden kann, ergibt sich aus dem Lochabstand für die Bolzen.

Die komfortabelste Lösung sind die sogenannten Stützwinden. Die mechanische Stützwinde wird mit einer Handkurbel hoch- und runtergefahren. Bei der motorgetriebenen Stützwinde übernimmt – oh Wunder – ein Motor diese Arbeit. Die Stützwinde erlaubt eine stufenlose Einstellung der Höhe, in der der Auflieger abgestellt wird. Außerdem kann man mit der Stützwinde die Höhe des abgestellten Aufliegers verändern. Dies ist hilfreich, wenn ein abgestellter Trailer von einer anderen Zugmaschine (mit anderer Aufsattelhöhe) aufgenommen werden soll.

Vor dem Absatteln und nach dem Aufsatteln werden die Stützen manuell (oder motorgetrieben) hochgefahren, so dass sie im Fahrbetrieb nicht über den Boden schleifen oder aufsetzen.

5.1.2 Gliederzug mit Drehschemelanhänger

Beim Drehschemelanhänger ist die Vorderachse des (mindestens zweiachsigen) Anhängers drehbar unter dem Anhänger befestigt. Am drehbaren Drehschemel ist die Zuggabel oder Deichsel befestigt. Die Zuggabel verbindet den Anhänger mit der Zugmaschine. Abb. 5.4 zeigt verschiedene Ausführungen der Zuggabel.

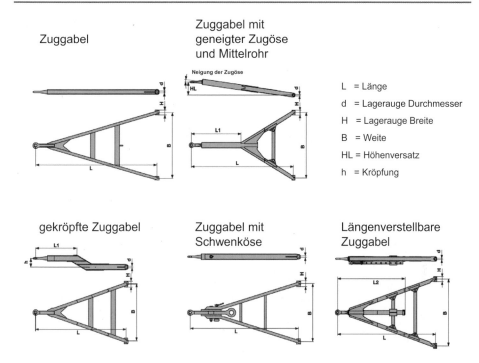

Abb. 5.4 Verschiedene Bauarten der Zuggabel für Drehschemelanhänger. Darstellung analog eines Produktprospektes der Firma BPW [16]. Die Schwenköse weist zwei verschiedene Ösendurchmesser auf, so dass die Zuggabel an Kupplungen mit unterschiedlichem Bolzendurchmesser angekuppelt werden kann

Bei Kurvenfahrt dreht sich der Drehschemel (mit der starren Anhänger-Vorderachse) unter dem Anhänger. Der Lastzug weist zwei Knickpunkte auf: Zum einen dreht sich das Auge der Deichsel im Koppelmaul, zum zweiten dreht sich der Drehschemel. Gliederzüge mit Drehschemelanhänger sind bei vorwärtsgerichteter Kurvenfahrt gutmütig. Der Anhänger „schneidet" die Kurve kaum. Die Rückwärtsfahrt ist aber schwieriger als bei Sattelzügen oder Zentralachsanhängern. Einen typischen Gliederzug mit Drehschemelanhänger zeigt die Abb. 5.3.

5.1.2.1 Anhängekupplung

Fahrzeugseitig ist zum Ankuppeln der Zuggabel eine Anhängekupplung erforderlich. Der Heckbereich des Fahrzeuges (Schlussquerträger) muss die entsprechende Festigkeit aufweisen, wenn das Fahrzeug mit Anhängekupplung im Lastzugbetrieb eingesetzt wird. Eine Vielzahl von Anhängekupplungen ist verfügbar [17]. Die Standard-Anhängekupplung ist die Maulkupplung für Zugösen. Beispielhaft zeigt Abb. 5.5 eine der zahllosen Varianten. Es gibt Varianten mit unterschiedlich großen Fangmäulern und für unterschiedlich große Zugösen. Für den Geländeeinsatz gibt es solche mit einem Vertikalgelenk, das eine

zusätzliche Drehung um die Fahrzeug-Querachse (Y-Achse) zulässt. Neben der Maulkupplung für Zugösen gibt es weitere Kupplungssysteme, so zum Beispiel Kugelkupplun-
gen (wie im Pkw-Segment) und Hakenkupplungen.

5.1.3 Gliederzug mit Zentralachsanhänger

Der Zentralachsanhänger ist ein Anhänger mit einer Achsgruppe (einer bis maximal drei
Achsen), die zentral unter dem Anhänger angeordnet sind. Die Verbindung zum Zugfahrzeug erfolgt über eine starre Deichsel. Der Zentralachsanhänger stützt sich nicht (oder nur
in geringem Umfang) auf das Zugfahrzeug.

Durch die Anordnung der Achsen mittig unter dem Anhänger dreht sich der gezogene
Anhänger und folgt dem Zugfahrzeug. Der Gesamtzug weist einen Knickpunkt auf, dort,
wo die Zugdeichsel des Anhängers angekuppelt ist. Um die Stabilität des Zugs zu verbessern, ist der Zentralachsanhänger in der Regel tief unter dem Motorwagen (nahe der
Hinterachse des Zugfahrzeuges) angekuppelt.

Motorwagen mit Zentralachsanhänger sind geeignet, innerhalb der maximal möglichen
Abmessungen eines Gliederzuges (18,75 m Gesamtlänge) viel Transportvolumen darzustellen. Bei Zentralachsanhängern kann der Abstand zwischen Zugfahrzeug und Anhänger
klein gehalten werden, so dass die Gesamt-Ladelänge groß ist. Solche Züge werden gerne
als sogenannter Durchladezug realisiert: Der Anhänger ist an der Vorderwand zu öffnen,
eine Ladebrücke verbindet Anhänger und Motorwagen, so dass die gesamte Zuglänge von
hinten beladen und entladen werden kann.

Ein Nachteil am Zentralachsanhänger ist, dass er gleichmäßig beladen sein muss und
während des Ladevorgangs gegebenenfalls vorne und hinten abgestützt werden muss, da
er sonst um die Zentralachse(n) zu kippen droht.

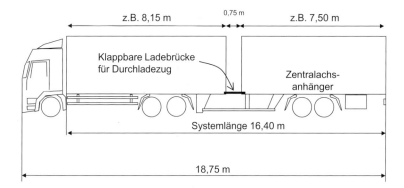

Abb. 5.6 Gliederzug mit Zentralachsanhänger. Diese Konfiguration ermöglicht es, ein großes Transportvolumen zu realisieren. Eine klappbare Brücke zwischen Anhänger und Motorwagen erlaubt es, den gesamten Zug von hinten zu beladen

5.2   Elektrische und elektronische Verbindung zwischen Zugfahrzeug und gezogener Einheit

Die elektrische Verbindung zwischen Auflieger oder Anhänger und Zugfahrzeug wird durch zwei elektrische Kabel hergestellt. Moderne Fahrzeuge weisen eine siebenpolige Leitung sowie eine 15-polige Verbindung auf. Es sind aus der Vergangenheit auch andere Verbindungen möglich – beispielsweise zwei siebenpolige Stecker. Die elektrische Verbindung zwischen Zugmaschine und gezogener Einheit ist in verschiedenen Standards festgelegt – siehe [10] für den siebenpoligen Stecker und [11] für den 15-poligen Stecker. [12] und die dort aufgeführten weiteren Normen beschreiben den Informationsaustausch zwischen Fahrzeug und Anhänger.

Der siebenpolige Stecker bedient die Bremsenvernetzung und den Informationsaustausch für Fahrgestellfunktionen. Er beinhaltet die elektrische Versorgung für die Trailerelektronik und die elektrisch betätigten Magnetventile sowie ein Leitungspaar für die CAN-Kommunikation.

Der fünfzehnpolige Stecker steuert die Beleuchtungsanlage des Trailers. Des Weiteren beinhaltet er Steuerleitungen für eine eventuell verbaute Liftachse des Trailers und für die Zentrierung einer eventuell im Trailer verbauten Lenkachse. Eine CAN-Bus-Vernetzung erlaubt den Austausch weiterer Information zwischen Anhänger/Auflieger und Zugfahrzeug. Diese Information ist in [12] Teil 3 erläutert. Es können je nach Ausstattung des Trailers oder Anhängers beispielsweise folgende Daten übermittelt werden: Informationen des Rückfahrwarners des Trailers, Laderaumtemperatur, Status der Diebstahlwarnanlage, Überwachung der Leuchtmittel am Trailer und andere. Des Weiteren werden auch Informationen des Zugfahrzeugs an die gezogene Einheit übermittelt. Zum Beispiel der eingelegte Gang, die Gaspedalstellung, die Geschwindigkeit, die Motordrehzahl, oder die Motoröltemperatur.

Um ein fehlerhaftes Anschließen eines Aufliegers oder Anhängers an eine Zugmaschine zu verhindern, werden Stecker und Anschlussdosen folgendermaßen zugeordnet: Beim Sattelzug ist das Kabel mit Stecker an der Zugmaschine befestigt. Die Anschlussdosen sind am Auflieger. Bei Gliederzugkombinationen ist dies umgekehrt: Das Wendelkabel samt Stecker ist anhängerfest und die Zugmaschine trägt die Steckdosen.

5.3 Fahrgestell des Anhängers und des Sattelanhängers

5.3.1 Bremse im Anhänger

Der Anhänger und der Sattelanhänger verfügen über eigene Radbremsen. Über zwei pneumatische Bremsleitungen (und die elektrischen Leitungen) ist das Bremssystem des Anhängers oder Aufliegers an das Bremssystem des Zugfahrzeugs angeschlossen. Das Anhängerbremsventil im Hänger speist den Bremsenwunsch des Motorwagens in das Bremssystem des Hängers ein. Es sorgt auch dafür, dass der Hänger oder Auflieger automatisch abgebremst wird, wenn die Verbindung der Bremsschläuche zwischen Zugfahrzeug und gezogener Einheit abreißt.

Auch im Anhänger wird die unterschiedliche Belastung der Achsen bei der Verteilung der Bremskraft berücksichtigt. Es wird eine lastabhängige Bremskraftverteilung zwischen Zugfahrzeug und Anhänger vorgenommen. In (alten) Anhängern, bei denen die lastabhängige Bremskraftverteilung nicht vom Bremssystem automatisch eingestellt wird, kann über einen handbetätigten Bremskraftregler der Bremsdruck für die Anhängerbremse je nach Beladung des Anhängers reduziert werden.

5.3.2 Federung

Anhänger und Auflieger werden mit Stahlfederung und Luftfederung angeboten. Abb. 5.7 zeigt eine luftgefederte Trailerachse mit Scheibenbremse. Die Luftfederung wird wie die Bremse vom Zugfahrzeug mit der benötigten Druckluft versorgt.

5.3.3 Liftachsen für Sattelauflieger

Um den Wendekreis des Gesamtzugs zu verringern, wird bei Aufliegern mit Luftfederung eine Funktion angeboten, die bei enger Kurvenfahrt die letzte Achse des Aufliegers anhebt. Der Wendekreis des Fahrzeugs verringert sich und der Reifenabrieb der Trailerreifen wird reduziert. Die Trailerelektronik erkennt die Kurvenfahrt anhand der unterschiedlichen Raddrehzahlen des Trailers. Magnetventile verändern den Luftgehalt der Luftbälge derart, dass die letzte Trailerachse entlastet oder angehoben wird.

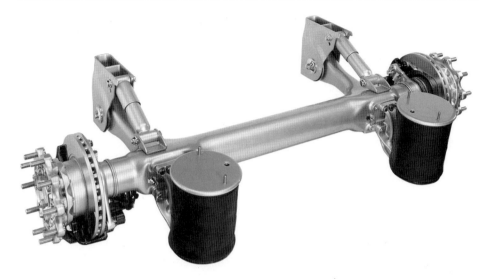

Abb. 5.7 Luftgefederte Trailerachse mit Scheibenbremse. Foto: Daimler AG

Ebenfalls üblich sind Liftachsen an der vordersten Position der Triple-Achse beim Sattelauflieger. Wird die vorderste der drei Achsen angehoben, so erhöht sich die Sattellast. Dies kann gewünscht sein, um bei leichtbeladenem Trailer die Traktion und die Fahrstabilität der Zugmaschine zu verbessern.

Man sieht auch Trailer mit Dreiachseaggregat, bei denen die erste und die dritte Trailerachse angehoben werden kann. Im unbeladenen Zustand läuft der Trailer reibungsreduziert auf nur einer Achse.

5.3.4 Weitere Ausstattungen für die gezogene Einheit

Die Transportindustrie ist hart umkämpft und kostenbewusst. Daher werden die Fahrzeuge sehr kosteneffizient aufgebaut. Aber zum „nackten Aufbau" gibt es in der Regel Zusatzausstattungen. Viele davon sind einsatzspezifisch – davon weiter unten mehr – Abschn. 6. Es gibt aber auch Ausstattungsangebote für Motorwagen mit Aufbau, Anhänger und Auflieger, die nicht segmentspezifisch sind.

5.3.4.1 Separater Stauraum
Neben dem eigentlichen Laderaum eines Aufliegers oder Anhängers ist es häufig für einen effizienten Betrieb des Gespanns hilfreich, weitere separate Stauräume für Zubehör zu haben. Solche Stauräume sind Palettenkästen (die in verschiedenen Größen angeboten werden) und Stauräume für Rungen, die unter der Ladefläche angebracht sind. Auch Kisten für weiteres Material zur Ladungssicherung und werksseitig angebrachte Werk-

zeugkisten unter der Ladefläche sind erhältlich. Staukisten unter der Ladefläche, die durch eine Klappe im Fahrzeugboden erreichbar sind, können ebenfalls geordert werden. Vorteil dieser Staufächer ist, dass sie bequem unter Plane/im Koffer zugänglich sind (geschützt vor Regen). Nachteilig ist, dass sie nicht mehr zugänglich sind, wenn die Ladefläche beladen ist. Aufliegerhersteller bieten am Auflieger ab Fabrik befestigte Wasserfässer an, so dass dem Fahrer Frischwasser zum Hände waschen etc. zur Verfügung steht.

5.3.4.2   Verladefähigkeit eines Aufliegers

Auflieger werden nicht nur als gezogene Einheit hinter einer Sattelzugmaschine bewegt sondern gegebenenfalls auch bahnverladen. Zur „unbegleiteten"[1] Bahnverladung werden die Auflieger mit Spezialgeräten (Portalkränen oder Greifstaplern) angehoben und auf den Zug aufgesetzt. Für diese Art des Transports weist der Trailer Greifkanten auf, an denen das Geschirr zum Heben angesetzt wird. Handelt es sich um luftgefederte Trailer, so muss die Luftfederung so beschaffen sein, dass sie beim plötzlichen Ausfedern und während des Schwebevorgangs (Achse hängt unter dem Fahrgestell) keinen Schaden nimmt.

Für die Fährverladung werden spezielle zusätzliche Zurrpunkte angeboten, damit der unbegleitete Auflieger auch bei rauer See sicher befestigt ist.

5.3.4.3   Seitenverkleidung/aerodynamische Anbauteile

Auflieger und Anhänger müssen die gesetzlichen Vorschriften zum Unterfahrschutz erfüllen. Eine Möglichkeit sind Längsholme, die unter der Ladefläche angebracht sind. Flächige Seitenverkleidungen sind optisch gefälliger und können für Reklameschriftzüge genutzt werden.

Die Seitenverkleidung kann auch explizit optimiert werden, um den Anhänger oder Auflieger, und damit den Gesamtzug, aerodynamischer zu gestalten. Abb. 5.8 zeigt im linken Bild eine aerodynamisch optimierte Seitenverkleidung an einem Trailer. Um Zugang zur Stützwinde zu haben, ist ein Teil der Seitenverkleidung hier klappbar ausgeführt.

Im rechten Bild ist ein Heckflügelsystem für das Heck des Trailers und von Motorwagen (Solofahrzeug) oder Anhänger dargestellt. Die Heckflügel stehen in einem Winkel nach innen und sorgen dafür, dass das (aerodynamisch schädliche) Unterdruckgebiet am Fahrzeugheck reduziert wird. Damit wird der Luftwiderstand verringert. Diese Anbauteile werden auch side wings[2] oder boat tail[3] genannt. Das Heckflügelsystem muss so beschaffen sein, dass sich die Hecktüren zum Be- und Entladen weiterhin bequem öffnen und schließen lassen. Weiterhin muss es robust genug sein, um dem rauen Nutzfahrzeugbetrieb zu widerstehen (Wetter, Schnee, Beladevorgang, . . .).

Als aerodynamische Hilfe werden auch Spoiler angeboten, die auf der oberen Hinterkante des Aufliegers sitzen, mit dem Versprechen dadurch den Windwiderstand verringern zu können.

---

[1] unbegleitet bedeutet hier, dass dem Trailer keine Zugmaschine vorgespannt ist.
[2] side wings (engl.) = Seitenflügel.
[3] boat tail (engl.) = wörtlich „Bootsende", wird als Begriff für ein sich verjüngendes Heck verwendet.

a   b

Abb. 5.8 a Aerodynamische Seitenverkleidung eines Trailer. Um die Zugänglichkeit zur Stütz-winde zu verbessern, ist der vordere Teil der Seitenverkleidung klappbar. **b** Aerodynamische Endklappen am Auflieger. Fotos: Hilgers

5.3.4.4 Laufstreckenmessung

Um die Laufstrecke eines Trailers oder Anhängers zu messen, werden sogenannte **Hub-odometer**[4] eingesetzt. Das Hubodometer sitzt auf der Nabe einer (nicht liftbaren) Ach-se, und zählt die Umdrehungen der Achse. Es werden Hubodometer mit mechanischem Zählwerk und elektronische Hubodometer angeboten. Das Hubodometer kannn für den Spediteur von Interesse sein, der über die genaue Laufleistung seines Fuhrparks orientiert sein will. Vermieter, die streckenabhängige Abrechnungen vornehmen, benötigen eben-falls manipulationssichere Hubodometer.

5.3.4.5 Weitere Ausstattungen

Zahlreiche weitere Ausstattungen kann der Nutzfahrzeugkäufer wählen oder nachrüsten, um sein Fahrzeug auf seine Bedürfnisse zuzuschneiden. **LED-Rückleuchten** dienen dazu, den Wartungsaufwand zu reduzieren, da LEDs eine deutlich längere Lebensdauer ha-

---

[4] Hub (engl.) = Nabe. Hodometer oder englisch Odometer stammt aus dem griechischen und be-deutet Wegmesser.

ben als konventionelle Leuchtmittel. **Arbeitsscheinwerfer** am Motorfahrzeug und oder an der gezogenen Einheit erleichtern Be- und Entladevorgänge sowie Fahrzeugpflege in der Dunkelheit. Fahrzeuge werden je nach Gusto und Einsatzfall mit oder ohne **Ersatzrad** betrieben. Das Ersatzrad muss sicher am Fahrzeug befestigt sein. Für das Handling des Ersatzrades gibt es Winden, um das Ersatzrad herabzulassen, oder wieder hochzuziehen. Je nach Ladegut ist es vorgeschrieben, **Feuerlöscher** an Bord zu haben. Im grenzüberschreitenden Verkehr ist es ggfs. erforderlich, den Laderaum mit einem **sicheren Zollverschluss** zu versehen. **Gummipuffer am Heck** schützen das Fahrzeug, wenn es rückwärts an eine Rampe rangiert wird.

5.4 Be- und Entladen

Aufbauten, Auflieger und Anhänger werden in der Regel mit **Hecktüren** gebaut, die geöffnet werden, wenn das Fahrzeug rückwärts an eine Rampe andockt. Häufig sind dies Heckdrehtüren. Diese schwenken beim Öffnen nach hinten und zur Seite aus. Um diesen Schwenkplatz nicht zu benötigen, gibt es als Alternative Rolltore am Heck, die wie ein Rollo nach oben geschoben werden.

Es werden Fahrzeugkonfigurationen angeboten, die staplerbefahrbar sind: Ein (kleinerer) Stapler kann vom Heck in den Laderaum fahren, um diesen zu be- oder entladen.

In anderen Einsatzfällen wird die Ladung nicht von hinten sondern seitlich – beispielsweise mit einem Gabelstapler – auf die Ladefläche geladen oder von der Ladefläche genommen. Für solche Einsätze gibt es Auflieger und Anhänger, bei denen die Hecktüre durch eine leichtere und billigere Plane ersetzt ist. Anhänger, die häufig seitlich beladen werden, werden mit leicht zu öffnenden, seitlichen Planen geordert, die sich wie ein Vorhang beiseite schieben lassen, man spricht von Curtainsidern[5]).

Ebenfalls für die seitliche Be- und Entladung mit dem Stapler gedacht sind Liftsysteme für das Dach. Das **Dach des Aufliegers wird hydraulisch angehoben**, um (mit dem Gabelstapler) die Ladung bequemer seitlich entnehmen zu können. Der Auflieger verfügt zum Antrieb des hydraulischen Hebedachs über eine elektrisch angetriebene Pumpe, die im unteren Bereich des Aufliegers angebracht ist.

Um die Arbeit auf der Ladefläche und das Be- und Entladen zu erleichtern, gibt es Lichtdächer. Dies sind Dächer, die lichtdurchlässig sind und somit (tagsüber) Licht in den Laderaum lassen.

Beim **Schubboden** ist der Anhängerboden in Längsrichtung in viele (lange) Längsbalken aufgeteilt, die sich unabhängig voneinander um eine kurze Strecke (20–30 cm) vor und zurück bewegen können. Werden die Balken alle gleichzeitig bewegt, so wandert das Ladegut mit. Dann werden die Balken nacheinander einzeln[6] in die Gegenrichtung zurückbewegt solange bis alle Balken zurückbewegt sind. Bei dieser Rückbewegung bewegt

---

[5] curtain (engl.) = Vorhang.
[6] oder in Gruppen von einigen wenigen.

sich das Ladegut – sofern es auf hinreichend vielen Balken aufliegt – nicht mit, da die Reibung auf den nicht bewegten Balken größer ist als auf dem einen bewegten Balken. Die bewegten Balken schieben sich unter dem Ladegut durch. Nun beginnt der Vorgang von vorne.

Die Längsbalken werden hydraulisch bewegt, die Zugmaschine muss mit einem Hydraulikaggregat ausgerüstet sein. Die Bewegungsrichtung ist umkehrbar, so dass die Schubbodentechnik sowohl zum Be- als auch zum Entladen genutzt werden kann.

Aufwendige Anhänger mit verstellbaren **Zwischenböden** ermöglichen es, den Anhänger auf zwei Ebenen mit Stückgut zu beladen.

5.4.1 Kranfunktion

Ladekrane am Fahrzeug erlauben es, schwere Güter wie beispielsweise Baustoffe oder Maschinen(-teile) ohne weitere Hilfe auf die Ladefläche zu heben oder am Zielort zu entladen. Im Baustellenzulieferverkehr oder bei Holztransporten ist der Ladekran sehr verbreitet. Der Ladekran ist entweder direkt hinter dem Fahrerhaus vor der Ladefläche oder am Fahrzeugende angebracht. Der typische Ladekran faltet sich zusammen, so dass er im eingeklappten Zustand die gesamte Breite des Fahrzeugs ausnutzt aber in der Länge nur einen geringen Platzbedarf aufweist. Fahrzeuge mit Ladekran verfügen über Stützfüße, um während des Be- und Entladevorgangs die Standsicherheit des Fahrzeugs zu gewährleisten.

Der Lastwagen mit Ladekran verfügt über eine Ladefläche und eine immer noch ausreichende Zuladung, die es erlaubt, Güter zu transportieren. Daneben existiert auch der sogenannte Mobilkran. Dies ist ein Kran, der auf einem Lastwagenfahrgestell oder auf einem speziellen Kranfahrgestell aufgebaut ist und keine Ladefläche für ein Ladegut mehr vorsieht. Das eigentliche Gut, dass es zu transportieren und zu heben gilt, wird auf einem anderen Fahrzeug transportiert. Der Mobilkran kann viel größere Lasten heben und verfügt über eine größere Kranausleger-Reichweite als der Ladekran.

5.5 Ladungssicherung

Um die Ladung sicher auf der Ladefläche/im Laderaum transportieren zu können, muss diese gesichert werden. Es gibt zahlreiche Ladungssicherungsmaßnahmen. Viele davon sind speziell für bestimmte Ladungen oder Ladungsträger optimiert. Einige grundsätzlich sinnvolle Ausstattungen für den Laderaum/die Ladefläche werden im Folgenden vorgestellt.

Ein **Antirutschboden** erhöht die Reibung zwischen Ladung und Boden. Damit reduzieren sich die Kräfte, die erforderlich sind, um das Ladegut gegen Verrutschen zu sichern. Um die Ladung verzurren zu können, verfügt der Ladebereich über **Zurrösen**, die seitlich am Außenrahmen oder in Lochschienen am Boden sitzen. Es werden auch Lochschienensysteme angeboten mit dazu passenden Keilen oder Einschraubösen, die man flexibel auf der Ladefläche platzieren kann.

Senkrecht stehende Stützen an der Ladefläche werden **Rungen** genannt. Steckrungen können je nach Bedarf in dazu vorgesehene Rungenlöcher (oder Rungentaschen) gesteckt werden, um die Ladung zu sichern. In Längsrichtung werden **Einstecklatten** zwischen die Rungen gelegt. Um eine Sicherung quer über die Ladefläche hinweg darstellen zu können, gibt es sogenannte **Querbalken**, die zwischen zwei Rungen befestigt werden.

Bei Aufbauten mit stabilen Wänden (Kofferaufbauten) können auch Zurrösen in der Wand eingelassen sein.

Eine Stirnwand mit hoher Festigkeit erlaubt es, das Ladegut formschlüssig an dieser Stirnwand zu platzieren und so die Ladung gegen Verrutschen nach vorne (beim Bremsen) zu sichern.

Abb. 5.9 zeigt einige gängige Ausstattungen zur Ladungssicherung.

5.6   Fahrerassistenzsysteme in Trailer oder Anhänger

Auch für den Anhänger oder Auflieger gibt es Fahrerassistenzsysteme:

Rampenanfahrhilfe oder Rückfahrassistent

Die Rampenanfahrhilfe hilft dem Fahrer, rückwärts an die Rampe heranzufahren. Sie verfügt über nach hinten gerichtete Sensoren (Ultraschallsensoren), die den Abstand zu einem Hindernis beziehungsweise zur Laderampe messen. Es gibt Rückfahrassistenten, die akustisch, haptisch oder optisch melden, wenn man dem Hindernis nahe gekommen ist. Vollintegrierte Systeme übermitteln den Abstand zum rückwärtigen Hindernis – wie in [12] standardisiert an das Zugfahrzeug. Verfügt das Zugfahrzeug über die entsprechende Funktionalität, so wird der Abstand zum Hindernis im Instrument des Fahrzeuges angezeigt.

Andere Systeme aktivieren bei einem gewissen Restabstand zur Rampe kurzzeitig die Bremse des Aufliegers und signalisieren so dem Fahrer, dass er noch einen definierten Restabstand zum Hindernis hat. Wieder andere Systeme lassen einen Piepton ertönen. Diese Systeme haben gegenüber dem vollintegrierten Ansatz den Vorteil, dass die Rampenanfahrhilfe unabhängig vom Zugfahrzeug ihre Funktion erfüllen kann, sind aber weniger komfortabel.

Telematiksysteme für Anhänger

Viele Anhänger haben „ein Leben ohne Truck": Der Anhänger wird per Bahnverladung oder auf einer Fähre ohne Zugfahrzeug verschifft, oder er steht als Lagerraum auf einem Speditionshof geparkt. In diesen Fällen ist der Anhänger oder Trailer nicht einem Zugfahrzeug zugeordnet. Trotzdem kann es für den Spediteur von Interesse sein, Daten aus seinem Trailer heraus empfangen und auswerten zu können. Ein trivialer Anwendungsfall ist beispielsweise die Trailer-Ortung. Spezielle Telematiksysteme stellen die Daten

a

b

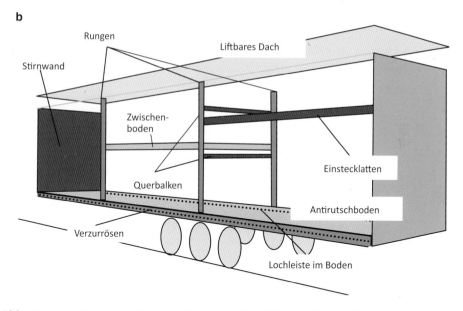

Abb. 5.9 Ausstattungen zur Ladungssicherung am Beispiel eines Planentrailers; **a** ein Foto, **b** eine Zeichnung. Foto oben: Krone

aus dem Anhänger unabhängig vom Zugfahrzeug zur Verfügung. Die Energieversorgung dieser Systeme muss natürlich unabhängig vom Zugfahrzeug geschehen und durch Batterien sichergestellt sein. Die Temperaturüberwachung des Laderaums kann unabhängig vom Zugfahrzeug eine wichtige Aufgabe sein und telematisch überwacht werden.

Wegfahrsperre für den Auflieger

Die Wegfahrsperre für den Auflieger verfügt über eine Einrichtung, die die Bremse des Aufliegers blockiert. Mittels eines Nummerncodes kann diese Sperre aufgehoben werden. Damit kann zum einen dem Diebstahl eines Trailers vorgebeugt werden. Des Weiteren kann sichergestellt werden, dass der Fahrer nur den Trailer vom Speditionshof mitnimmt, zu dem er den Nummerncode erhalten hat. Verwechslungen der Trailer auf großen Speditionshöfen können damit wirksam ausgeschlossen werden.

Auch kann man Telematik nutzen, um beispielsweise das unbefugte Öffnen der Türen (Diebstahl der Ladung) zu unterbinden: Die Türen lassen sich (gewaltlos) nur öffnen, wenn ein entsprechendes Freigabesignal der Spedition übermittelt wurde. Die Kontrolle der Türen lässt sich auch an geographische Daten koppeln: Die Türen lassen sich nur an vordefinierten Orten öffnen („geofencing für die Ladung").

Ausstattungen für typische Einsatzsegmente des Nutzfahrzeuges

6

Das Fahrzeug mit Aufbau, Anhänger oder Aufleger wird in der Regel für einen spezifischen Einsatzzweck konfiguriert. Dass Fahrzeuge für den Müllsammelbetrieb anders aussehen als Langholztransporter oder Betonmischer, ist jedem aus eigener Anschauung klar. Aber selbst Sattelauflieger, die auf den ersten Blick austauschbar aussehen und sehr ähnlich anmutende Güter transportieren, weisen oft Details auf, die für bestimmte Einsatzzwecke optimiert sind. Insbesondere die Vorrichtungen für die Ladungssicherung sind häufig für ein ganz spezifisches Ladegut besonders gut geeignet. So gibt es Spezialausrüstungen für normale Palettenware, für die in der Autoindustrie weit verbreiteten Gitterboxen, für Getränkepaletten, für Fässer, für den Transport von Stahlblechrollen (sogenannten „coils"), für Papierrollen, und für Baumaterial. Im Folgenden werden einige segmentspezifische Ausstattungen beschrieben.

6.1 Verteilerverkehr

Damit der Fahrer im Verteilerverkehr das Be- und Entladen selbstständig vornehmen kann, führen viele Verteilerverkehrsfahrzeuge Einrichtungen zum Be- und Entladen mit. **Hubladebühnen** sind an der Rückseite des Fahrzeugs angebracht. Das Ladegut kann auf die Ladebühne geschoben werden (mit Hubstapler oder Rollwagen) und anschließend gehoben oder gesenkt werden. In Fahrstellung ist die Ladebühne am Heck hochgeklappt oder sie faltet sich unter das Fahrzeugheck. Abb. 6.1 zeigt schematisch die Funktion einer Ladebordwand.

Vor dem Anbau einer Ladebordwand (auch Hubladebordwand, Hubladebühne, Ladebühne) ist die Verträglichkeit mit dem Fahrgestell und dem Aufbau zu prüfen. Die Ladebordwand beeinflusst verschiedene Eigenschaften des Fahrzeugs. Dazu zählen Achslastverteilung, die Länge des Fahrzeugs, aber auch die Belastung des Rahmens. Bei der Montage einer Ladebordwand ist sicherzustellen, dass die entsprechenden Grenzwerte eingehalten werden.

© Springer Fachmedien Wiesbaden 2016
M. Hilgers, *Einsatzoptimierte Fahrzeuge, Aufbauten und Anhänger*,
Nutzfahrzeugtechnik lernen, DOI 10.1007/978-3-658-15496-7_6

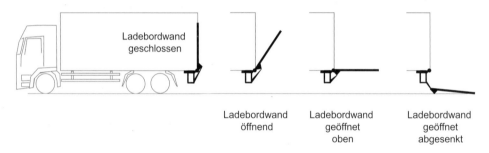

Abb. 6.1 Schematische Funktion der Ladebordwand. Die hier gezeigte Variante wird im Fahrzustand am Heck hochgeklappt und ersetzt die Hecktüren des Laderaums

Mitnahmestapler werden am Heck des Fahrzeugs „huckepack" mitgeführt, so dass der Lastwagenfahrer unabhängig von an der Ladestelle verfügbaren Staplern in der Lage ist, zu beladen oder zu entladen. Da ein Stapler ein relativ schweres Gerät ist, reduziert der Mitnahmestapler die verfügbare Nutzlast, die für die Ladung zur Verfügung steht.

6.2   Frischetransporte

Ein wichtiges Segment des Lkw-Verkehrs sind Kühltransporte. Richtiger müsste man eigentlich von Frischetransporten oder temperaturgeführter Logistik reden. Es geht nicht immer nur darum, die Ware zu kühlen; häufig muss Ware mit einer definieren Temperatur transportiert werden, so dass bei großer Kälte der Laderaum auch geheizt werden muss. Denn Salat oder Gemüse nehmen auch Schaden, wenn sie zu kalt gelagert werden. Neben Nahrungsmitteln werden beispielsweise pharmazeutische Erzeugnisse temperaturgeführt transportiert.

Kühltransportfahrzeuge haben einen gut isolierten Laderaum und eine Kälteanlage, um die gewünschte Temperatur im Laderaum darzustellen. Die erzielbare Kühltemperatur und die Geschwindigkeit, mit der das Ladevolumen heruntergekühlt werden kann, hängt von verschiedenen Parametern ab:

- Isolierung des Aufbaus
- Größe und Form des Aufbaus
- Häufigkeit und Dauer von Türöffnungen
- Leistungsfähigkeit der Kälteanlage
- Außentemperaturen
- Temperatur und Wärmekapazität der zu transportierenden Ware.

Die Kälte für die Kühlung wird von einem Kühlaggregat erzeugt, dass ähnlich einem Kühlschrank Wärme an die Außenwelt abgibt und im Inneren des Kühlraums einen kalten

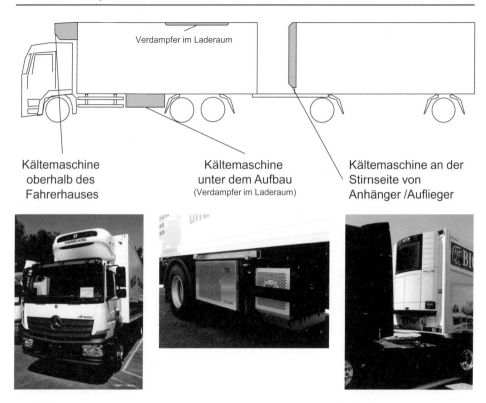

Kältemaschine
oberhalb des
Fahrerhauses

Kältemaschine
unter dem Aufbau
(Verdampfer im Laderaum)

Kältemaschine an der
Stirnseite von
Anhänger /Auflieger

Abb. 6.2 Typische Positionen für den Verbau des Kälteaggregats bei Fahrzeugen für den Frischetransport. Fotos: Michael Hilgers

Verdampfer aufweist. An diesem Verdampfer wird die Luft vorbeigeführt und gekühlt. Die Luftzirkulation im Kühlraum wird von einem Gebläse sichergestellt. Abb. 6.2 zeigt verschiedene typische Positionen, an denen das Kälteaggregat verbaut sein kann.

Der Kältekreislauf wird in der Regel elektrisch betrieben. Der Bedarf an elektrischer Energie übersteigt die Leistungsfähigkeit des gängigen Bordnetzes. Daher sind zusätzliche Generatoren erforderlich, die bei großen Laderäumen eine Leistung von bis zu 40 kW aufweisen. Es gibt grundsätzlich zwei Systeme, um den Generator anzutreiben: Ein zusätzlicher leistungsfähiger Stromgenerator wird vom Dieselmotor des Fahrzeuges angetrieben. Nachteil dieses Systems ist, dass Strom nur erzeugt wird, wenn der Verbrennungsmotor des Fahrzeugs läuft. Andere Systeme weisen einen eigenen Verbrennungsmotor auf, der den Stromgenerator antreibt. Dadurch kann der Aufbau oder Anhänger auch gekühlt werden, wenn der Verbrennungsmotor des Zugfahrzeugs nicht läuft oder wenn der Anhänger/Auflieger/Wechselaufbau ohne Zugfahrzeug abgestellt wurde. Nachteilig ist bei diesem System, dass ein zusätzlicher Verbrennungsmotor mit signifikanten Kosten und Gewicht an Bord genommen wird.

Die vom Kühlaggregat gekühlte Luft wird über Kühlkanäle im Laderaum verteilt. Die Kühlkanäle verlaufen häufig unter der Decke des Laderaums. Die kühle Luft fällt von oben auf die Ladung. Der Kühlkoffer kann in mehrere Klimazonen aufgeteilt sein, um in einem Fahrzeug Produkte liefern zu können, die in unterschiedlichen Temperaturfenstern transportiert werden sollen.

In Kühlkoffern wird häufig Ware transportiert, die erhöhte Anforderungen an Sauberkeit und Hygiene stellt. Daher werden schmutzabweisende und leicht zu reinigende Oberflächen bevorzugt in weiß verwendet. Ein weiteres Ausstattungsdetail ist ein Abfluss in der Bodenwanne des Kühlkoffers, um diesen bequemer nass-reinigen zu können.

Hängendes Transportgut

Eine Spezialnische der Kühltransporte sind Transporte für hängendes Fleisch. Um die Ladung hängend transportieren zu können, müssen die Aufbauten mit ausreichend verstärkten Wänden und verstärktem Dach aufgebaut werden. Unter dem Dach sind Schienen angebracht; in diesen Schienen laufen Haken, die das hängende Transportgut tragen.

6.3 Kipper

Im Baustellensegment ist der Kipper das wichtigste und häufigste Fahrzeug. Eine kippbare Ladefläche wird auf ein Pritschenfahrzeug aufgesetzt. Im Pritschensegment ist der sogenannte Dreiseitenkipper verbreitet: Die Ladefläche ist hydraulisch zu drei Seiten hin kippbar (beim Kippauflieger dominiert die Heckentladung, der sogenannte Hinterkipper). Typische Kippwinkel nach hinten liegen bei rund 50°. Es gibt leichte Kipper, die auf leichteren zweiachsigen Fahrzeugen aufgebaut werden bis hin zu schweren Kippfahrzeugen, die auf vier- oder gar fünfachsigen Fahrgestellen angeboten werden. Kippfahrzeuge werden mit Stahlfederung und mit Luftfederung angeboten. Beim Kipper mit Luftfederung sollte vor dem Kippvorgang die Luftfederung abgesenkt werden, da sonst das Fahrzeug ruckartig ausfedert.

Der Aufbau beim Kipper besteht aus drei Grundkomponenten [14]: Der Kippbrücke (das ist die bewegliche Ladefläche), der Hydraulik sowie des Hilfsrahmens – zum Hilfsrahmen siehe auch Abschn. 4.1. Je nach Größe der Kippbrücke weist das Hydrauliksystem einen oder zwei Hydraulikzylinder auf. Die Kippbrücke gibt es in unterschiedlichen Ausführungen: mit unterschiedlichen Materialgüten, unterschiedlich hohen Ladebordwänden und mit verschiedenen Zusatz-Ausstattungen. Solche Ausstattungen sind zum Beispiel Kunststoffauskleidungen der Ladefläche, um Verschleiß zu reduzieren und das Festfrieren der Ladung zu vermeiden, oder Planen, um das Ladegut zu schützen (hier gibt es handbetätigte und motorisierte Verdecksysteme).

Die Ladebordwand muss sich öffnen, um beim Kippvorgang das Ladegut freizugeben. Es gibt Klappenlösungen, bei denen die Ladebordwand nach unten geklappt wird, es gibt (im Heck) Flügeltüren und als praktischste Lösung die Pendelklappe. Die Pendelklappe dreht sich auf Grund der Schwerkraft beim Kippvorgang automatisch um ihre obere Kante und gibt eine Öffnung frei zwischen Ladefläche und Bordwand. Im Fahrbetrieb ist die Ladebordwand verriegelt, so dass sie sich nicht ungewollt öffnet. Die Verriegelung wird manuell oder hydraulisch geöffnet und geschlossen. Um eine allmähliche und gebündelte Entladung der Kippbrücke zu ermöglichen, gibt es Heckklappen mit einer zusätzlichen kleineren Öffnung, die über einen Schieber geöffnet und verschlossen wird („Getreide-schieber").

Für den Einsatz im Straßenbau werden Kippfahrzeuge mit hochklappbarem hinteren Unterfahrschutz ausgerüstet. Bei hochgeklapptem Heckunterfahrschutz kann der Straßen-fertiger den Kipplaster (landläufig auch „Teermaschine" genannt) vor sich herschieben. Währenddessen kippt dieser kontinuierlich seine Ladung in den Aufnahmebehälter des Straßenfertigers.

Den Kipperaufbau kann man mit weiteren Aufbauten kombinieren; so zum Beispiel mit einem Kranaufbau, der die Selbstbeladung des Kippers ermöglicht. Solche Fahrzeuge findet man gerne im Kommunalbereich oder bei Garten- und Landschaftsbauern.

6.3.1 Sattelzug im Baustelleneinsatz

Neben den reinen Baustellenfahrzeugen, werden in immer größeren Umfang auch Sattel-züge im Baustellenverkehr eingesetzt. Ein Sattelzug mit Kippauflieger bietet eine höhere Zuladung – rund sechs Tonnen zusätzlich – verglichen mit einem Baustellen-Vierachser: Der Baustellen-Vierachser hat ein zulässiges Gesamtgewicht von 32 Tonnen und ein Ei-gengewicht von mehr als 12 Tonnen, so dass weniger als 20 Tonnen Zuladung realisierbar sind. Der Kippsattel mit drei Achsen wiegt circa 6,5 Tonnen, die Zugmaschine weitere cir-ca 7,5 Tonnen, so dass bei einem zulässigen Gesamtgewicht von 40 Tonnen eine Zuladung von circa 26 Tonnen resultiert.

Darüber hinaus kann der Spediteur die Sattelzugmaschine variabler nutzen als ein rei-nes Baustellenfahrzeug. Die Sattelzugmaschine im Baustelleneinsatz wird beispielsweise mit einer hydraulisch angetriebenen Vorderachse bestückt, um die Traktion des Fahrzeugs zu verbessern. Die Geländegängigkeit und die Robustheit eines Sattelzugs ist allerdings geringer, so dass dieser eher in leichten Einsatzprofilen auf der Baustelle verwendet wird. Der reine Baustellen-Lkw hat im schweren Gelände seine Berechtigung.

6.4 Tank-Silo-Segment

Im Tank-Silo-Segment ist die maximal mögliche Menge an Ladegut meist dadurch be-schränkt, dass die Gewichtsgrenze erreicht ist. Daher finden sich in diesem Segment immer wieder Bestrebungen, dass Fahrzeug leichter zu machen. Die Kunden wählen gerne Leichtbauoptionen.

6.4.1   Transport von Flüssigkeiten in Tankwagen

Für den Transport von Flüssigkeiten werden Tankwagen benötigt. Typische Transportgüter sind Erdölprodukte wie Benzin, Diesel, Heizöl und Chemikalien aber auch Lebensmittel wie Milch und Wein.

Um die Schwappbewegung im Tank zu reduzieren (unangenehm und potentiell gefährlich im Fahrbetrieb) werden die Tanks durch Schwallwände unterteilt. Um ein Einfrieren der Flüssigkeit zu vermeiden sind viele Tankbehälter isoliert. Viele Tankwagen tragen die Ausrüstung, die zum Entladen erforderlich ist, mit sich. Dies sind Pumpen, Schläuche, Durchflussmessgeräte et cetera. Milchtanklastwagen, die Milch in landwirtschaftlichen Betrieben abholen, beladen sich in der Regel auch durch die Bordpumpe.

6.4.2   Silo-Transporte

Für Granulate, kleinkörnige Güter, Pulver (sogenannte Rieselgüter) und pulver- bzw. staubförmige Güter werden Silofahrzeuge verwendet.

Die einzelnen Fahrzeuge unterscheiden sich nach Einsatzzweck im Volumen und der Anzahl der Kammern.

Die Befüllung der Behälter erfolgt in der Regel durch Einfülldome auf der Oberseite des Behälters. Diese sind durch große Deckel verschlossen. Die Einfüllöffnungen sind in der Regel ausreichend groß, so dass ein Mann in den (leeren!) Behälter einsteigen kann – praktisch für die Reinigung. Man spricht daher auch von „Mannloch". Um die Einfülldome zu öffnen und zu schließen haben Silofahrzeuge in der Regel einen Steg auf der Oberseite des Behälters, den man über eine Leiter erreicht.

Die Entleerung des Behälters erfolgt durch Trichter, an die Schlauch- oder Rohrsysteme angeschlossen werden können. Da die Schwerkraft allein häufig nicht ausreicht, um das Ladegut zu entladen (oder der Entladevorgang mit der Schwerkraft allein zu langsam vonstatten geht) wird die Entladung pneumatisch unterstützt. Die Luft wird eingeblasen und drückt das Ladegut heraus. Bei stark haftendem Ladegut ist zusätzlicher Aufwand erforderlich, um den möglichst rückstandsfreien Entladevorgang zu ermöglichen. Dazu wird zum Beispiel die Förderluft an mehreren Stellen in das Ladegut eingeblasen oder es gibt Rüttlersysteme, die das Ladegut mechanisch auflockern. Insbesondere im Aufliegerbereich werden auch kippbare Silobehälter verwendet. Ein (odere mehrere) Hydraulikzylinder heben den Behälter an; typische Kippwinkel liegen um 45° Beim Kippvorgang ist die Standsicherheit des Fahrzeuges sicherzustellen, daher haben (nicht alle) Auflieger mit Kippvorrichtung Stützen, die mechanisch oder hydraulisch hreuntergefahren werden.

Für die Pneumatik (Entladen) und die Hydraulik (Kippvorgang) sind Pumpen erforderlich.

6.5 See-Container-Transport

Ein eigenes Transport-Segment ist der Transport von See-Containern, die auf großen Containerschiffen um die Welt gefahren werden. Vom Hafen aus werden die Container auf Lkw oder bahnverladen an ihre Bestimmungsorte im Binnenland gebracht. See-Container sind normiert nach ISO 668 [20] – siehe auch Tab. 6.1.

Die Container haben normierte Containerecken die stabile Aufnahmen für die sogenannte Twistlock-Sicherung aufweisen. Die Twistlocks sind eine Art Dorn, die in die Aufnahme der Containerecke eingreifen und durch Drehen den Container festhalten [1].

Damit ein Auflieger für verschiedene Containertypen genutzt werden kann, werden Containerchassis angeboten, die an verschiedenen Stellen Twistlock-Sicherungen aufweisen, so dass die verschiedenen Containertypen aufgenommen werden können. Ausziehbare Containerchassis können passend zur Länge des zu transportierenden Containers ausgezogen oder zusammengeschoben werden.

Tab. 6.1 Typische Container nach ISO 668 [20]. Die kleineren Containern sind etwas kürzer als ihre Nominalbezeichnung vermuten läst; dadurch lassen sich beispielsweise zwei 20-Fuß-Container auf den Stellplatz eines 40-Fuß-Containers stellen auch wenn die Grenzfläche leicht uneben ist

Bezeichnung	Segment nach ISO 668	Länge des Containers nach ISO 668	Rechnerische Länge[a]
10 Fuß	1D...	2,991 m	3,048 m
20 Fuß	1C...	6,058 m	6,096 m
30 Fuß	1B...	9,125 m	9,144 m
40 Fuß	1A...	12,192 m	12,192 m
45 Fuß	1E...	13,716 m	13,716 m

[a] Ein Fuß sind 0,3048 m.

Abb. 6.3 Aufliegerchassis für den Transport von 40-Fuß-Seecontainern. Der dargestellte Trailer ist optimiert für ein möglichst geringes Eigengewicht. Mehrere Twistlock-Verschlüsse – am Heck, an der Front und in der Mitte – sind zu erkennen. Foto: Kögel

---

[1] twist (engl.) = drehen, lock (engl.) = schließen, Schloss.

Abb. 6.3 zeigt einen Sattelauflieger für den Transport von See-Containern, der auf möglichst geringes Eigengewicht optimiert ist. Die durchbrochenen Längsträger, der Verzicht auf verschiedene Ausstattungsoptionen und die vergleichsweise filigrane Ausführung dienen dem Leichtbau.

Verständnisfragen

Die Verständnisfragen dienen dazu, den Wissensstand zu überprüfen. Die Antworten auf die Fragen finden sich in den Abschnitten, auf die sich die jeweilige Frage bezieht. Sollte die Beantwortung der Fragen schwerfallen, so wird die Wiederholung der entsprechenden Abschnitte empfohlen.

A.1 Leergewicht
(a) Warum wünscht sich der Fahrzeugbetreiber ein leichteres Fahrzeug/leichteres Gespann?
(b) Welches Maßnahmen gibt es, leichtere Fahrzeuge darzustellen?

A.2 Energieversorgung des Aufbaus
Wie erhält der Aufbau Energie vom Fahrzeug (zwei Antworten)?

A.3 Gespanne
Nennen sie verschiedene Gespannskombinationen.

A.4 Sattelzüge
(a) Welche Nutzersegmente bevorzugen Sattelzüge und welche Pritschenfahrzeuge?
(b) Jetzt dürfen Sie spekulieren! Was – glauben Sie – sind die Gründe dafür?

A.5 Selbst laden
Welche Hilfe zur Beladung kann das Fahrzeug an Bord haben?

A.6 Kälte
(a) Welche Probleme treten bei großer Kälte auf?
(b) Was kann man dagegen tun?

© Springer Fachmedien Wiesbaden 2016
M. Hilgers, *Einsatzoptimierte Fahrzeuge, Aufbauten und Anhänger,*
Nutzfahrzeugtechnik lernen, DOI 10.1007/978-3-658-15496-7

Abkürzungen und Symbole

Im Folgenden werden die in dieser Heftreihe benutzten Abkürzungen aufgeführt. Die Zuordnung der Buchstaben zu den physikalischen Größen entspricht der in den Ingenieur- und Naturwissenschaften üblichen Verwendung.

Der gleiche Buchstabe kann kontextabhängig unterschiedliche Bedeutungen haben. Beispielsweise ist das kleine c ein vielbeschäftigter Buchstabe. Zum Teil sind in diesem Buch die Kürzel und Symbole indiziert, um Verwechslungen auszuschließen und die Lesbarkeit von Formeln etc. zu verbessern.

Kleine lateinische Buchstaben

a	Beschleunigung
c	Beiwert, Proportionalitätskonstante
c_w	Luftwiderstandsbeiwert
c_T	Luftwiderstandsbeiwert bei schräger Anströmung
da	Abkürzung für deka $= 10$, besonders gerne genutzt ist die Kraftangabe daN (deka-Newton), da 1 daN $= 10$ N ungefähr der Gewichtskraft eines Kilogramms auf der Erde entspricht
f	Beiwert oder Korrekturfaktor
g	Erdbeschleunigung ($g = 9,81\,\text{m/s}^2$)
g	Gramm – Einheit für die Masse
h	Höhe (Längenmaß)
i	Übersetzung, Verhältnis von Drehzahlen
k	kilo $= 10^3 =$ das tausendfache
kg	Kilogramm – Einheit für die Masse
kW	Kilowatt – Einheit für die Leistung; Tausend Watt
kWh	Kilowattstunde – Einheit für die Energie
l	Länge
l	Liter, Volumenmaß; 1 l $= 10^{-3}\,\text{m}^3$
m	Masse oder Meter oder milli $= 10^{-3} =$ ein Tausendstel
p	Druck
r	Radius (Längenmaß)

s   Strecke (Längenmaß)

t   Tonne – Einheit für die Masse; 1 t = 1000 kg

v   Geschwindigkeit

Große lateinische Buchstaben

A   Fläche, insbesondere Stirnfläche

ABS   Antiblockersystem (Bremse)

BGL   Bundesverband Güterkraftverkehr, Logistik und Entsorgung e. V.

C   Celsius – Einheit der Temperatur ODER Coulomb – Einheit der Ladung

CAN   Controller Area Network

CO_2 Kohlendioxid

DIN   Deutsches Institut für Normung

E   Energie

ECU   Electronic Control Unit (engl.) = Elektronisches Steuergerät

EMV   Elektromagnetische Verträglichkeit

EPB   Elektropneumatische Bremse

ESP   Elektronisches Stabilitätsprogramm

F   Kraft

F_G Gewichtskraft

GPS   Global Positioning System (engl.) = Globales Positionsbestimmungssystem

J   Joule, Einheit der Energie

K   Kelvin, Einheit der Temperatur in der Kelvinskala

LED   Leuchtdiode – LED = lichtemittierende Diode (engl.: light emitting diode)

LIN   Local Interconnect Network

M   Drehmoment

M   Mega = 10^6 = Million

MJ   Mega Joule, Einheit der Energie; Eine Million Joule

OEM   Fahrzeughersteller (engl.: Original Equipment Manufacturer)

P   Leistung

R   Gaskonstante

T   Temperatur (in Kelvin oder °C)

TCO   Gesamtkosten, die über die Nutzungsdauer des Fahrzeugs oder eines anderen Wirtschaftsgutes anfallen (engl.: Total Cost of Ownership)

V   Volumen

W   Mechanische Arbeit bzw. mechanische Energie

W   Watt, Einheit der Leistung

Kleine griechische Buchstaben

α Winkel

β Winkel

γ Winkel

μ steht für Mikro $= 10^{-6} =$ Millionstel

ρ Dichte

ω Winkelgeschwindigkeit oder Drehzahl

Große griechische Buchstaben

Θ Temperatur

Literatur

1. Hilgers Michael (2016) Nutzfahrzeugtechnik lernen – Gesamtfahrzeug. Springer Vieweg, Berlin/Heidelberg/New York

2. Hilgers Michael (2016) Nutzfahrzeugtechnik lernen – Chassis und Achsen. Springer Vieweg, Berlin/Heidelberg/New York

3. Hilgers Michael (2016) Nutzfahrzeugtechnik lernen – Elektrik und Mechatronik. Springer-Vieweg, Berlin/Heidelberg/New York

4. Daimler (2012) Presse-Information: Weltpremiere für den ersten Lkw speziell für den schweren Verteilerverkehr. Daimler Communications, 02. Juli 2012

5. Straßenverkehrs-Ordnung vom 6. März 2013 (2013) veröffentlicht im Bundesgesetzblatt (BGBl. I S. 367)

6. Bundesgesetzblatt Jahrgang 2013 Teil I Nr. 12, ausgegeben zu Bonn am 12. März 2013 – Seite 367 ff: Verordnung zur Neufassung der Straßenverkehrsordnung (StVO) vom 06. März 2013

7. ISO337, Road vehicles – 50 semi-trailer fifth wheel coupling pin – Basic and mounting – interchangeability dimensions

8. ISO1726, Road vehicles – mechanical coupling between tractors and semi-trailers – interchangeabilitiy

9. ISO4086, Road vehicles – 90 semi-trailer fifth wheel kingpin – Interchangeability

10. ISO7638, Connectors for the electrical connection of towing and towed vehicles

11. ISO12098, Road vehicles – Connectors for the electrical connection of towing and towed vehicles – 15-pole connector for vehicles with 24V nominal supply voltage

12. ISO11992, Road vehicles – Interchange of digital information on electrical connection between towing and towed vehicles – Part 1 to 4

13. Mercedes-Benz (2011) Aufbaurichtlinien Lastkraftwagen – im Internet zum Download verfügbar, http://www.mercedes-benz.de – Aufbauherstellerportal – wird laufend aktualisiert

14. Mercedes-Benz (2009) Kipperausstattungen ab Werk Wörth, Meiller: Dreiseitenkipper. Produktbroschüre

15. Jost-Werke Neu-Isenburg (2013) Produkte für Sattelzugmaschinen, Sattelauflieger, Anhänger – im Internet zum Download verfügbar, http://www.jost-world.com – aufgerufen Dezember 2013

16. BPW Bergische Achsen Kommanditgesellschaft (2013) BPW Verbindungseinrichtungen für Zentralachsanhänger und Drehschemelanhänger – im Internet zum Download verfügbar, http://www.bpw.de – aufgerufen Dezember 2013

17. Jost -Werke Neu-Isenburg (2015) Rockinger, Produkte für Nutzfahrzeuge – im Internet zum Download verfügbar, http://www.jost-world.com – aufgerufen März 2016

18. DAF (2011) Aufbaurichtlinie DAF LF, CF und XF105 – im Internet zum Download verfügbar, http://www.daf.com – wird laufend aktualisiert

19. Scania bodybuilder homepage http://www.scania.com – Informationen für Aufbauhersteller – wird laufend aktualisiert

20. ISO668, Series 1 freight containers – Classification, dimensions and ratings

Sachverzeichnis